净化空气能力惊人的造氧盆栽

台湾环境健康协会 著

中原农民出版社

·郑州·

1盆「造氧植物」开始！

呼吸道疾病已成10大死因之一，改善室内空气质量，就从

台湾卫生系统最新公布的调查统计数据显示，2013年台湾地区民众10大死因仍以"癌症"为首，而其中又以"气管癌、支气管癌和肺癌"为甚，每小时都有人死亡！许多人对于这个结果感到惊讶，以为肝癌、大肠炎、乳腺癌……似乎更常见。但事实上，只要对台湾的环境空气质量状况稍有了解，大概就不难理解，为什么台湾地区民众罹患肺部等呼道疾病的人数这么多、情况这么严重。

过去大家以为罹患肺癌、肺腺癌是因为抽烟、二手烟，或是吸太多厨房油烟所致，但其实真正的原因，就出在空气太脏！更可怕的是，大家往往可能只知道要防范户外的空气污染，殊不知，居家、办公室等室内的空气质量其实更糟。

事实上，室外的空气多半拜灰尘、脏污所赐，加上大多数人在户外停留的时间并不长，所以对健康的影响不大。相反，室内的空气污染除了落尘、二氧化碳之外，更隐藏着有毒的挥发性有机化学物质（VOCs）。像"甲醛"经常用在建筑材料、卫生纸、芳香剂中，长期接触就会出现过敏、久咳不止、皮肤瘙痒；电脑屏幕、打印机会释放出"甲苯"，而"甲苯"正是引发晕眩、头痛的主因；就连女性化妆品成分当中常见的酒精和丙酮，也会经由呼吸道进入身体，直接伤害内脏器……想想看，我们每天至少有16个小时是在室内度过，如果空气质量这么恶劣，怎么可能不生病？临床医学已证实，室内空气污染会引发病态建筑综合征（Sick Building Syndrome），轻则出现嗜睡、易感冒、恶心、眼睛痒、皮肤干痒等症状，重则可能导致结

膜炎、皮肤炎、气管炎，乃至于降低生育率，引发肺癌等，对健康威胁甚巨。

而改善室内空气质量的方法，除了增加通风、选用环保建材与家具、购置空气净化器之外，最简单的做法就是摆放可以吸附脏空气、制造新鲜氧气的造氧植物。美国太空总署及台湾大学园艺系都曾进行相关研究，并证实植物除了借由光合作用制造氧气之外，还能从花朵、叶片、根茎乃至土壤吸收落尘、二氧化碳、VOCs等物质，并经由酵素代谢作用将甲醛之类的有机挥发物转化成氨基酸、糖类、有机酸，再运送到根茎部储存，所以能够有效减少室内的各种空气污染物。可别小看这些植物的力量，经过科学实验证明，10平方米的空间内只要摆放1棵15厘米高的盆栽，就能净化80％以上的脏空气！

本会为了推广环境健康的理念，特别编写此书，除精选40种好用的造氧盆栽，还依照其特性给予适合摆放的空间建议，例如，鲜艳的非洲堇除尘力第一，最适合放在居家玄关（第78页）；好养的常春藤对甲醛的吸收力超强，很适合放在刚装潢过的场所（第104页）；属于仙人掌科的蟹爪兰则有防辐射的功能，放在电脑桌上最好（第48页）……这些植物除了具有吸附落尘、抗菌等净化空气的效果之外，也因为它们各具姿态，无论摆设在家中还是办公室，都能有绿化环境、美化景观的附加功效。为了健康，别再让室内的空气继续脏下去了，现在就从摆放造氧盆栽开始吧！

台湾环境健康协会副理事长

谨志

本书使用说明

① 放置场所

列出该种植物适合放置的地方。数字表示该种植物在书中的序号。

office 接待处
01

二氧化碳浓度！

适合摆放在人多处，有效降低

喷雪黛粉叶

Basic Data

科名
天南星科

原产地
中南美洲热带地区

花 期
4~6月

养育难易度

日 照

喷雪黛粉叶俗称称万年青，是矮株变种，叶面宽且绿白或乳黄相间，叶片大，呈长椭圆形。常见于园艺造景、室内摆设。这种植物对于降低二氧化碳浓度、清除有机污染气体，如橡胶制品、文具挥发出的二甲苯以及建筑材料释放出的甲醛都相当有效，非常适合放在流动人口多的办公厅、接待处。

喷雪黛粉叶多以盆栽式销售，主要分为5英寸、6英寸、7英寸不等，可依室内大小选购。由于它生长速度较快，且会趋向光源处生长，因此，室内种植时，最好放在半遮阴的环境下照护，平均约1周就必须转换方向，让盆栽均匀生长。

034

② Basic Data

科名： 收录植物分类层级为科的条目。
原产地： 主要介绍植物的原产地，可快速了解植物特性。
花期： 植物开花的时间段，以参考观察使用。
养育难易度： 分为1~3级，难度越高的小苗图案越少；反之，越容易栽种的小苗越多。
日照： 植物日照分为3大类，半阴为1个太阳，半日照为2个太阳，全日照为3个太阳。

③ 植物说明

包括本单元主盆栽所具备的特性、生长要素，对空气污染的特殊作用，以及选购要点等实用知识。

❹ 净化室内空气6大指数

本书将空气污染分为6大项目，各项目分数越高则表示去污能力越强。

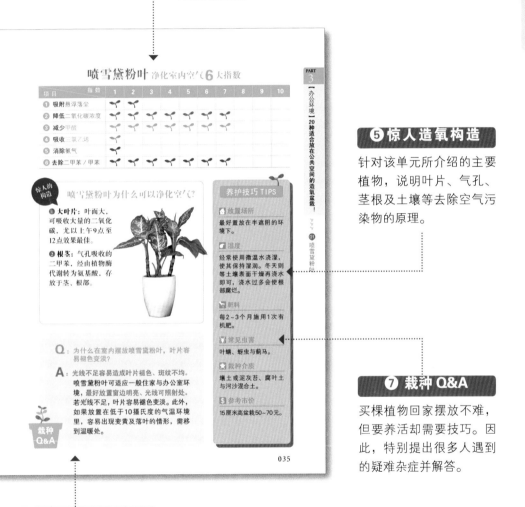

❺ 惊人造氧构造

针对该单元所介绍的主要植物，说明叶片、气孔、茎根及土壤等去除空气污染物的原理。

❼ 栽种 Q&A

买棵植物回家摆放不难，但要养活却需要技巧。因此，特别提出很多人遇到的疑难杂症并解答。

❻ 养护技巧 TIPS

针对主植物，列出养护的技巧建议。

放置场所：建议最好的放置环境。

湿度：建议浇水量及浇水的次数。

肥料：建议施用肥料的次数。

常见虫害：标明常出现的虫害，以防患未然。

栽种介质：适合栽种该植物的土壤类型。

参考市值：列出该植物的建议售价，预防买贵或买错。

Contents

植物就是最天然的空气净化器！

1个空间，只要1个盆栽，就能防尘、除臭，让空气变干净！

20种适合放在公共空间的造氧盆栽！

降低二氧化碳浓度、减少化学毒素，避免头昏眼花、提升工作效率！

比户外毒100倍！室内空气

呼吸道感染的凶手！

脏空气就是过敏、气喘、

原来，

你有这些症状吗？

小心 病态建筑综合征 已经找上你！

很多人在办公室、教室，甚至是自己家中，只要是密闭空间，就会开始打喷嚏、不停流鼻涕，或是头痛、眼睛痒……然而，一离开这种环境，症状就会改善。其实，这就是典型的因为空气脏而引起的病态建筑综合征！

❶ 什么是病态建筑综合征？

病态建筑物综合征这个名词是世界卫生组织（WHO）在1984年所提出的，它并不单指某种特定疾病，而是指"在特定建筑内生活或工作的一些人，因为空气质量不良而引发的种种身心反应"，属于慢性、非特异性、不舒服的综合征。因为除了无所不在的灰尘、人体呼出的二氧化碳之外，空气中还夹杂大量从建材、家具、电器、清洁剂……散发出来的挥发性有机化合物（VOCs），包括甲醛、甲苯、三氯乙烯等。这些物质在室温下会变成气体，且多具有毒性，对皮肤、眼睛、呼吸道都会造成刺激。久而久之，还会影响生育能力，甚至引发癌症（鼻咽癌、脑瘤）！

❷ 速查！你有病态建筑综合征吗？

不过，由于室内的毒气通常浓度较低，所以身体并不会产生立即性的反应。但是长久下去，就会对灰尘、气味变得敏感。想知道自己的病态建筑综合征有多严重吗？不妨利用下页的病态建筑综合征自我检测表进行检测，并在1~10中圈选出1个数字（愈难忍受者，数字愈大），最后得出总分即可。

病态建筑综合征 自我检测表

吸入性化学物质	无法忍受程度
① 闻到汽车排放的废气时，会觉得难受吗？	1 2 3 4 5 6 7 8 9 10
② 闻到二手烟时，会觉得痛苦吗？	1 2 3 4 5 6 7 8 9 10
③ 闻到杀虫剂、除草剂、防虫剂、防蚁剂等的气味时，会觉得刺鼻吗？	1 2 3 4 5 6 7 8 9 10
④ 闻到汽油味时，会想赶紧离开吗？	1 2 3 4 5 6 7 8 9 10
⑤ 闻到油漆、稀释剂等的气味时，会觉得很臭吗？	1 2 3 4 5 6 7 8 9 10
⑥ 闻到消毒剂、漂白剂、清洁剂等的气味时，会觉得不舒服吗？	1 2 3 4 5 6 7 8 9 10
⑦ 闻到特定的香水、芳香剂、清凉剂等的气味时，会觉得有刺鼻怪味吗？	1 2 3 4 5 6 7 8 9 10
⑧ 闻到煤焦油、柏油的气味时，会觉得头晕难受吗？	1 2 3 4 5 6 7 8 9 10
⑨ 闻到指甲油、洗甲水、喷雾式发胶、古龙水等的气味时，会想打喷嚏吗？	1 2 3 4 5 6 7 8 9 10
⑩ 闻到新地毯、窗帘、浴帘、新车等的气味时，会觉得难闻吗？	1 2 3 4 5 6 7 8 9 10

资料来源：台湾病态建筑诊断协会

总分结果分析

20分以下
目前没有严重的病态建筑综合征，身体状况良好。若想继续保持，最好在室内摆放盆栽并保持通风，有助维持室内空气清新。

21~49分
你的身体对于病态建筑综合征尚在可接受范围之内。建议检查室内通风状况，并开始摆放盆栽，将可改善不适症状。

50~79分
必须正视室内空气的污染程度及原因。如有头痛、呼吸困难等症状出现，宜尽快就诊。除注意室内通风、多放盆栽，还要检查建材、家具等，考虑是否有更换的必要。

80~100分
你已患有严重的病态建筑综合征，应赴医就诊。除须立刻改善通风状况，还应尽快找出污染源，并使用空气净化器，搭配多放盆栽，以帮助造氧。

抓 抓 抓

013

室内脏空气惹的祸！

头痛、皮肤瘙痒、鼻涕不止、莫名咳嗽都是

你是否经常咳嗽不止、鼻涕直流，老是以为自己感冒没好？事实上，如果这样的状况经常发生，你可能需要评估一下自己常待的室内空气了。我们无时无刻不在呼吸，一旦吸进体内脏空气，久而久之，就会导致身体出现过敏反应，甚至变成慢性病。

❶你我每天待在室内的时间平均超过16小时，空气不好＝隐形杀手！

过去，只要提起空气污染，大多数人都只会联想到室外空气的肮脏程度。然而根据统计，现代人每天平均待在室内的时间至少16小时，几乎占掉1天的70%；而其中又有一半的时间是在家里，另外一半的时间是在办公室。倘若这些地方的通风状况不良，甚至是密闭性建筑，那么新鲜空气进不去，脏空气出不来，空气污染的程度就会愈发严重，甚至比起室外的空气质量还要糟糕。这可不是危言耸听，而是环保专家们实际测试检验的结果！

而一旦我们常态性地待在这类污浊的空气环境中，脏空气不断随着我们的呼吸进入体内——经由鼻腔、气管、支气管、肺，并在肺泡中进行气体交换作用之后，再借由血液送达各细胞。这样怎么可能会不生病？

举例来说，地毯、空调、除湿机中容易滋养细菌、霉菌，造成皮肤过敏、眼睛干痒；宠物身上也经常暗藏病菌、皮毛垢屑，可能引发接触性感染、发烧、肺炎；而复印机、打印机在使用过程中更会产生具有强烈刺激性的臭氧，不但会造成人体呼吸道的损害，甚至还会影响中枢神经系统……

换句话说，由于被污染的空气里蕴含很多有毒物质，当这些毒物进入身体，就会逐步侵害我们的健康，形同隐形杀手。现在，你还敢轻易忽视室内空气的污染程度吗？

❷台湾有超过五成的人患有呼吸道疾病，癌症更名列10大死因之首！

你可能不知道，在卫生系统最新公布的"2013年台湾10大死因"之中，"癌症"已连续32年蝉联死因冠军，而其中肺癌又是夺走人命最多的恐怖病症，平均每小时就有1人因为罹患相关癌症而死亡！连医界也大声疾呼，台湾罹患肺癌的人数比率不断上升，尤其是在空气污染严重的云林、嘉义、台南、高雄、屏东等县市民众罹患率较高。

至于"10大死因"的其他病症，包括肺炎、慢性下呼吸道疾病，甚至心脏疾病、脑血管疾病、糖尿病、高血压疾病等，也都和空气污染有关。此外，最新医疗统计资料也显示，因为肺炎、气管炎和支气管炎等呼吸系统问题而前往医院就诊的人数，也高出其他病因许多。可以说，脏空气对健康的危害甚大，已经到了不可忽视的地步！

2013年台湾民众10大死因

排行	原因	与空气污染相关
第 1 名	癌症（肺癌最多）	✔
第 2 名	心脏疾病	✔
第 3 名	脑血管疾病	✔
第 4 名	糖尿病	✔
第 5 名	肺炎	✔
第 6 名	事故伤害	
第 7 名	慢性下呼吸道疾病	✔
第 8 名	高血压性疾病	✔
第 9 名	慢性肝病及肝硬化	
第 10 名	肾炎、肾病综合征及肾病变	

呼吸都是在吸毒！

如果空气不够干净，我们每天

俗语说病从口入，所以大家对于吃下肚的东西都要求必须干净。但最新统计数据显示，肺癌已跃居"台湾10大死因"的第一名，无疑证实了"病从鼻入"的可怕！因此，我们不难理解，如果每天吸进肺里的空气都很脏，那么呼吸俨然就跟吸毒一样，时间久了当然会生病！

❶室内空气有多毒？ 竟有87%居家空气检验不合格！

很多人根本不知道自己所置身的室内空气有多脏！现以我们每天所待时间最长的居家空间为例，你知道你家的室内空气状况吗？

根据新光医院江守山医师检测新竹以北66间私人住宅的结果发现，台湾家庭的室内空气不合格率高达87%！其中，有6成的卧房都装潢过度，导致甲醛严重超标；客厅和主卧室所含的挥发性有机物比例最高；通风不良的浴室也存在问题；至于妈妈们最常待的厨房，悬浮微粒污染则最严重，这也印证了家庭主妇、职业厨师之所以常患肺病的现象。

根据调查，厨房竟然是家中灰尘最多的空间！但是只要摆放1棵造氧植物，就能帮助吸附悬浮微粒，有效净化空气。

❷ 注意，空气污染的3大元凶就是灰尘、二氧化碳、有机气体！

想要净化空气，就必须先了解导致空气质量不良的原因。简单来说，造成室内空气污染的物质大概可以分为三大类，即灰尘、二氧化碳以及挥发性有机化合物（VOCs）。只要能对它们的成因及来源有初步的认知，就能够防患于未然，避免对身体造成危害！

灰尘（悬浮微粒）➡➡ 引起呼吸道、心脏血管疾病！

灰尘依颗粒直径大小分类，通常对身体影响最大的是小于或等于10μm（微米）的悬浮微粒，因为它可以随着呼吸作用进入人体的呼吸系统，继而引发呼吸道相关疾病、心脏血管疾病。室内空间的主要灰尘来源包括吸烟产生的烟尘、烹煮所产生的黑炭悬浮微粒、建材中的石棉、人造矿物纤维或家中宠物的细毛等。

二氧化碳 ➡➡ 造成头昏、嗜睡、注意力无法集中！

室内二氧化碳浓度过高，主要是因为办公室或其他公共场所较多人呼吸、吸烟及其他燃烧行为。当室内人口密度过高或是通风效率不佳时，就容易造成二氧化碳浓度累积，同时，其他污染物的浓度也会相对提高，因此，二氧化碳浓度被视为室内空气质量优劣的最重要指标。一旦室内二氧化碳浓度过高，除了会刺激呼吸中枢，造成呼吸不顺，还会导致头痛、嗜睡、反应能力变差、倦怠等症状。

挥发性有机化合物 ➡➡ 已被证实会致癌、影响生育！

在家中，挥发性有机化合物包括油漆、清洁剂、杀虫剂、化妆品和香水等，几乎无处不在。而在办公环境中，除了装修建材及家具外，经常使用的文具、复印机、打印机等，也会产生大量的挥发性有机物质。其中以甲醛最常见，大概有超过3 000种的建材中有它的存在！而这些有毒物质不仅会对皮肤、呼吸道、中枢神经系统等产生刺激，更已被证实会致癌，甚至导致不孕不育！

A. 室内空间

物，以提高室内空气质量。

❹ **室内平面配置形状是否为细长型？**

解毒之道

细长型的室内空间，空气对流不畅，如果再加上开窗不多，那就必须增设空调设备、种植绿色植物，以提高室内空气质量。

❸ **室内装潢是否采取简朴设计？是否过度装修？**

解毒之道

有机物含量愈高，就需要愈久的时间净化。

请检查是否大量使用木材、贴壁纸、铺地毯，因为这些材料都含有高浓度甲醛；另外，花岗石含有的氡气易引起肺癌。由于大部分装潢建材都含挥发性有机物，这些材料使用得愈多，空气中挥发性的有机物含量愈高，就需要愈久的时间净化。

❷ **厨房、事务室等会产生大量污染物，是否设有独立抽排风装置？**

解毒之道

常摆放复印机、电脑屏幕及扫描仪等，会释放二甲苯、三氯乙烯等化学气体，更要重视通风设备。厨房会排放烹煮燃烧后的一氧化碳及悬浮微粒，至少要装抽油烟机，如有室内抽风装置更佳。事务室不明化学气体，若长期吸入，易引起心肺疾病。上上之策，当然就是搬家！如果一时无法搬离这类恶劣环境，就必须在室内使用空气净化器，并种植大量造氧植物。

❶ **家、办公室是否位于马路旁或大型化学工厂附近？**

马路旁易有黑炭悬浮微粒飘进家中，但若长期封闭不开窗，也会造成室内通风不良。工厂常会排放

❸ **从现在开始，找出家、办公室毒气充斥的证据！**

既然室内空气污染对我们身体健康的危害如此严重，那么，究竟该如何找出污染源呢？又该如何有效防治？

现在就赶紧跟着右列问题表单，进行净化空气大作战吧！

B. 生活习惯

解毒之道

⑧ 家中是否养有宠物？是否定期帮宠物洗澡，以及清洗相关器具、毛毯？

让室内通风、制造有氧环境才行。

法有效抗菌消毒。换言之，这类以气味掩饰污浊空气的方法并不实用，想要提升空气质量，还是要方法来消除空气中的异味。但若买到假精油，同样含有化学气体；此外，采用水洗也仅能除臭，无内空气污染更加严重。此外，近期流行的精油水洗空气净化器，是将精油倒入水球中，通过水洗的事实上，芳香剂就是有毒气体，因为它的主要成分是由香精及化学原料制成的，用多了反而会使室

子，并在阳光下曝晒消毒，以便减少污染源。

屑，也是室内空气污染的来源。因此，最好每周都帮宠物洗澡，也要定期清洗宠物用的毯子或垫

家中若养有宠物，尤其是有毛的动物，很容易产生灰尘、跳蚤。此外，宠物掉落的毛发、体垢及皮

解毒之道

⑦ 室内是否习惯放芳香剂？或常以精油水洗空气净化器？

网一次，让机器常保清洁。

开启空调时，所有的脏污就会一泄而出，导致室内空气更加糟糕。所以，建议最好每两周清洗过滤空调设备本是利用人工方式让空气产生对流，但如果不清洗，灰尘、细菌会全都聚积在扇片里，当

解毒之道

⑥ 家中的空调设备（冷、暖气或空气净化器）是否从不清洗，或鲜少清洗？

所以，若要抽烟，最好到室外阳台等空气流通的地方，避免造成室内空气污染。

成分除了尼古丁、焦油、一氧化碳之外，还有40种以上物质被证实为致癌物，并具有强烈刺激性。

二手烟是香烟、烟斗、雪茄等燃烧时所飘出的，或由吸烟者所呼出的一种混合烟雾。其所含的化学

⑤ 你或家人会在室内抽烟吗？

PART 2

拒绝
空污

最天然的空气净化器！

植物就是

让空气变干净！
就能防尘、除臭，
只要1个盆栽，
1个空间，

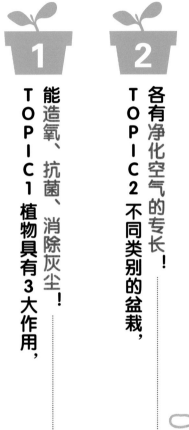

植物具有3大作用，能

造氧、抗菌、消除灰尘！

为什么植物具有净化空气的能力呢？植物表面上看起来是静态的，事实上，所有植物的生长过程都极为活跃，因为它们必须不断借由光合作用、蒸腾作用、吸附作用等过程来获取养分、进行呼吸，同时，也达到抑制有害微生物、积极自我保护的目的。而这些作用，也正是植物能够有效净化空气的原因！

❶ 光合作用 ▸▸▸ 通过叶绿体吸收光能，制造氧气！

植物没有消化系统，所以必须靠其他方式来摄取生长所需的营养。而光合作用就是植物借由光能把二氧化碳和水等物质转化为所需养分的重要过程。在这个过程中，植物内部的叶绿体扮演着关键的角色。在光照的作用下，叶绿体能把由叶面气孔进入内部的二氧化碳以及由根部吸收的水分，转变成葡萄糖，并释放出氧气。

❷ 蒸腾作用 ▸▸▸ 增加空气对流的能力，消除毒菌！

水分从植物叶片蒸发的过程称为蒸腾作用。水汽蒸

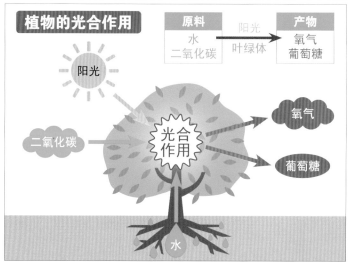

植物的光合作用

原料	阳光	产物
水 二氧化碳	叶绿体	氧气 葡萄糖

阳光

二氧化碳

光合作用

氧气

葡萄糖

水

发和氧气、二氧化碳等气体一样，都是借由气孔排出，这些微小的气孔，大多位于叶子的下表面。

当叶片表面与空气温差显著时，就会产生对流，即使是在空气不流通的情况下，也会使空气流动。而这种让空气流动的能力，正是植物能够去除室内环境毒素的原因。因为蒸腾作用旺盛时，空气中的湿度增加，含有毒素的空气便会往植物根部移动，并由根部的微生物将气体分解为养分与能量来源。若植物根部水分不足，保卫细胞就会关闭气孔，避免水分散失；一旦蒸腾的水分比根部所能吸收的水分多时，植物就会枯萎，需及时浇水。

❸ 吸附作用 ➤➤➤ 吸收空气中的悬浮粒子，消除灰尘!

植物的叶片具有吸附灰尘的功能，因为它具有让灰尘停留、附着和黏着的大作用。停留是指灰尘暂时落于叶面，这类植物叶片光滑、狭小，如袖珍椰子（第52页）；"附着"是指可让灰尘固着于气孔或茸毛上，这类植物多半叶片宽平、粗糙、凹凸不平，如非洲堇（第78页）。"黏着"则是指灰尘被具有黏性的叶面所黏附，这类植物的枝叶通常会分泌树脂黏液，如圣诞红（第44页）。

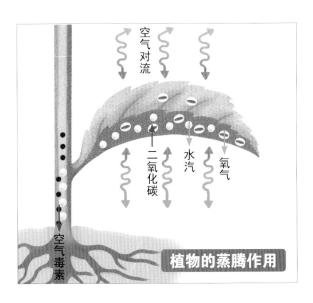

植物的蒸腾作用

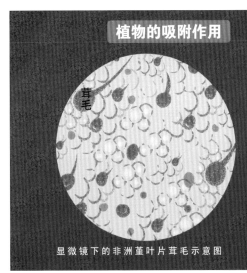

植物的吸附作用

显微镜下的非洲堇叶片茸毛示意图

不同类别的盆栽，各有

净化空气的专长！

地球上的每种生物都会依照外在环境因素，加上自己本身的条件，发展出生存能力、演化出特殊构造，以求适应环境。植物当然也不例外，大多数的绿色盆栽都具有造氧的功能，但因为特性不同，其所适合摆放的空间、可以净化空气的能力也不一样。因此，想要借由植物改善室内空气，当然也要了解不同植物的特质，这样才能让它发挥出最大的功用，有效提升空气品质！

❶ 多肉植物 ▶▶▶ 对抗有机气体、辐射线！

又称为肉质植物，最大特色就是拥有肥厚、多汁的片或根茎。主要生长于非洲、中亚及美洲。由于原生地多位于高山、沙漠等干燥环境，因此演化出能够储存大量水分的器官，耐寒耐旱。此外，为了避免成为其他动物的食物，多肉植物还发展出一套自我保护模式——针刺组织。以芦荟为例，叶子具有厚皮保护，并且进化成尖状叶，叶缘还有尖锐的锯齿，能避免水分蒸发。将多肉植物盆栽放在室内，可以去除空气中的有机挥发化合物。试实证明，1盆芦荟在4小时光照条件下，可消除10平方米空气中90％的甲醛，还能吸收掉二氧化碳、二氧化硫等有毒气体。此外，对于电视、电脑屏幕等所产生的辐射线也有吸收作用，并可减少落尘量。

🌿1盆15厘米高的芦荟，可消除10平方米空气中90％的甲醛。

❷ 绿叶植物 ▶▶▶ 降低二氧化碳含量、制造氧气！

在前面单元中曾提到，植物不像动物一样具有消化系统，所以必须进行光合作用，将二氧化碳和水分转换成生长发育所必需的养分，并释放出氧气（第22页）。而在这个过程中，扮演关键角色的是植物当中的叶绿体。因此，绿叶植物是提供新鲜空气的造氧高手。

只要在我们经常连续待上好几小时的"个人呼吸区"（如办公室座位，1.8～2.4立方米）摆放1盆植栽，就能常保空气清新、降低人体呼出的二氧化碳浓度，还能去除有机挥发化合物、增加湿度、抑制空气中的微生物生长。

❸ 花卉植物 ▶▶▶ 吸附悬浮落尘、消除臭气！

美丽的花卉植物，不但看起来赏心悦目，而且因为常带有芳香的气息，所以能在视觉和嗅觉上对美化环境产生非常具体的提升作用。此外，有些花卉植物因为叶片、枝干具有特殊的构造，还具有极佳的空气净化力，最适于室内布置。

例如艳丽的非洲堇（第78页），多呈蓝紫色或桃红色，加上外形小巧可爱，所以十分讨喜。也因为叶片上有茸毛，可以大量吸附空气中的尘埃、悬浮微粒，所以是叶片滞尘量第1名的室内植物。而颜色多样的菊花（第84页）常被用于插花装饰，由于其花瓣和叶片会释放独特香气，可吸收空气中的甲醛、甲苯等有毒气体，而且吸收有毒气体愈多，花朵还会开得愈繁密茂盛。

🌿非洲堇叶片上的茸毛，可有效吸附大量落尘。

🌿1棵喷雪黛粉叶，能减少二氧化碳，提供有氧环境。

Topic 3

根据空间特质选择盆栽，就能

轻松享受好空气！

❶适合办公室空间的造氧植物

○ **事务室**
[适合盆栽] 蝴蝶兰、红边竹蕉、非洲菊、白玉黛粉叶、银后粗肋草
[净化功能] 吸附复印机、打印机产生的苯类和三氯乙烯

○ **洗手间**
[适合盆栽] 郁金香、仙客来
[净化功能] 改善氨气的刺鼻气味

○ **会议室**
[适合盆栽] 印度橡胶树、袖珍椰子
[净化功能] 去除二甲苯、二手烟、甲醛和灰尘等空气污染物质

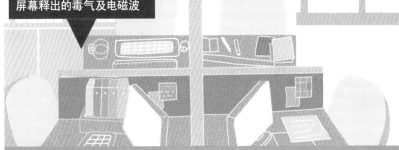

○ **办公室**
[适合盆栽] 心叶蔓绿绒、中斑吊兰
[净化功能] 吸附甲醛及电脑屏幕释出的毒气及电磁波

○ **接待处**
[适合盆栽] 喷雪黛粉叶、皱叶肾蕨、火鹤花
[净化功能] 降低因为人多而产生的二氧化碳浓度

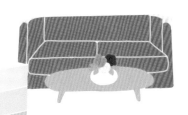

❷ 适合居家空间的造氧植物

○ 卧室
适合盆栽 石斛兰、虎尾兰
净化功能 去除空气中的毒物，夜晚释放负离子助眠

○ 浴厕
适合盆栽 麦门冬、孔雀竹芋、合果芋
净化功能 吸附氨气等异味功效优异

○ 厨房
适合盆栽 波士顿肾蕨、观音棕竹
净化功能 吸收炒菜的油烟和有机挥发物质

○ 客厅
适合盆栽 菊花、雪佛里椰子、垂榕、变叶木
净化功能 吸附甲醛、二氧化碳及落尘效果好

○ 玄关
适合盆栽 白鹤芋、非洲堇、西洋杜鹃、丽格海棠
净化功能 减少空气中的灰尘和二氧化碳

善用盆栽净化室内空气，

环保、经济又美化环境！

在我们的居住环境或工作场所摆放盆栽，不仅能让室内空间增添一点绿意，还能因为植物的特定功能，而让整个室内空气的品质获得提升。不需花大钱、不必耗电力，照顾起来又不困难，何乐而不为？

❶ 1个盆栽，就能改变1个房间的空气质量！

根据环保部门公布的研究资料及相关建议显示：根据室内的地板面积，摆放合适大小的盆栽植物，并放置在通风、日照适宜的地方，就能有效改善室内空气质量，进而维持在最佳状况。不管是在家中还是办公室，基本上，只要在每个房间放上1～2盆的造氧盆栽，就能大幅降低落尘、二氧化碳、挥发性有机化合物等的浓度，让空气常保清新自然。

❷ 天然植物，具有美化空间的超疗愈效果！

许多人喜欢花花草草，是被各种植物的千姿百态所吸引。无论是绿色的观叶植物，色彩缤纷的花卉植物，卓然挺立的小树植物，还是形状奇特的多肉植物……只要摆上1盆，似乎这个地方就活了起来，视觉上也倍感柔和；而植物摆得愈多，整个空间的生命力也愈旺盛、愈让人心旷神怡。哪怕是1张书桌、餐台，甚至是洗手间的角落，只要1棵小小的盆栽，就能产生疗愈的力量，抚慰我们疲惫、紧绷的身心。

❸ 不费电，盆栽既环保节能，又经济实惠！

早在1980年代，美国太空总署（NASA）就已发现植物可以去除封闭实验机舱内的挥发性有机化合物，并证实在密闭空间中，植物对于甲醛、苯类、三氯乙烯的排除能力；而植物进行光合作用必须吸收二氧化碳，蒸腾作用可以帮助吸附落尘，这两个特性更为众人周知。尽管30多年来，随着科技的进步，我们在市面上可以买到各式各样标榜不同功能、不同作用的空气净化器，但事实上，植物就是最天然的空气净化器！比起1台动辄数千元，而且还要花电费的空气净化器来说，植物盆栽更经济、更环保，也更健康！

空气品质恶化日益严重，不但间接造成地球持续暖化，也造成大量文明病接踵而来，包括常见的呼吸道感染、皮肤过敏等，甚至也提高了心血管疾病、中风、癌症的发生率。因此，**当室内空气品质糟糕到一定的程度，那么空气净化器就成为一种必要的设备**。举例来说，居住环境靠近排放废气的工厂，家中有猫狗宠物，办公室是密闭大楼，室内过度装潢等，都很容易造成空气污染，加上台湾属于温暖潮湿的海岛型气候，一旦建筑通风不良，不但原本的污浊空气无法排除，还会滋生细菌，让空气品质更为恶化。而所谓的**空气净化器，或是带有清净效果的冷气机、空调设备等，就是利用滤网、滤纸、光触媒、紫外线杀菌光、臭氧、负离子等元件，来消除空气中的细菌、去除异味、降低灰尘，进而达到提升室内空气品质的目的**。但各式各样的空气净化器，究竟彼此之间有什么差异？购买时又该如何选择？下面就市场上较常见的主要类型稍加分析说明，以供参考。

❶ 光触媒 ▶▶▶ 紫外线强度高，适用于工作环境！

光触媒是一种纳米级的金属氧化物材料（例如：二氧化钛），当它被涂在基材表面、变成光触媒滤网，在光线照射下，就会产生强烈的降解催化功能，包括吸附空气中的甲醛、一氧化氮等有害气体，消灭细菌，分解其所释放出来的毒素，以及除臭、抗污等。不过，因为目前技术需要波长300～400纳米的紫外线才能让光触媒作用，而这样的紫外线强度又会对人体造成伤害，再加上光触媒不会主动去捕捉空气中的粒子，一定要细菌或有机物质接触到表面才能作用分解，所以，光触媒**一般多用于处理工业环境的空气污染、水污染。若要居家使用，为了避开人群，通常也多放在浴厕或室外**。

❷ 负离子 ➤➤➤ 与有害物质结合，使空气清新！

构成各种物质的基本单位是分子，而分子则是由原子组成。经过空气磨擦碰撞，当原子变成带有电荷的粒子，就称之为离子；带正电荷的叫作正离子，带负电荷的叫作负离子。

负离子之所以可以净化空气，主要是因为它能与灰尘、微粒杂质结合，像大自然中的瀑布冲击、暴雨骤下等情况，会使水流高速流动、水分子裂解，就会形成负离子。此外，森林里的树木枝叶尖端放电、植物光合作用形成光电效应等，也会使空气电离而产生负离子。

若空气中的正离子过多，就会对人体产生不良作用，包括头痛、失眠、过敏、呼吸道疾病等。而负离子空气净化器的原理就是利用人为离子化的方式，将空气中的烟雾、灰尘等分子加以细致化，并运用静电使其沉淀，进而达到稳定负离子供应量的目的。不过，虽然负离子能让空气清新，但并未证实其具有杀菌的功能。市售空气净化器若强调具有除菌的效果，大多会结合光触媒技术。

❸ 臭氧 ➤➤➤ 使用的同时，需保持空气流通！

臭氧由三个氧原子组成，是极为活泼的气体分子。由于它能到处吸附化学物质及微生物，并可氧化各种正离子及气体分子，因此，当它到达一定浓度（在空气中为0.05ppm），就具有杀菌效果，还能分解臭气。目前臭氧除了用于净水器，也被开发用于空气净化器、洗衣机、洗手机等。但必须注意的是，若臭氧浓度过高，会对人体细胞造成伤害，所以，并不适用于密闭空间。一般来说，只要选用低浓度的臭氧净化器，就能消除近距离的臭味；但若要使用高浓度的臭氧杀菌，则必须离开房间，而且杀菌后要先开窗让空气流通，再进入房间，以免造成呼吸道黏膜受损。

公共空间的造氧盆栽 20种适合放在

提升工作效率！
避免头昏眼花、
减少化学毒素，
降低二氧化碳浓度、

喷雪黛粉叶

适合摆放在人多处，有效降低二氧化碳浓度！

Basic Data

科名
天南星科

原产地
中南美洲热带地区

花期
4~6月

养育难易度

日照

喷雪黛粉叶俗称万年青，是矮株变种，叶面宽月绿白或乳黄相间，叶片大，呈长椭圆形。常见于园艺造景、室内摆设。这种植物对于降低二氧化碳浓度、清除有机污染气体，如橡胶制品、文具挥发出的二甲苯以及建筑材料释放出的甲醛都相当有效，非常适合放在流动人口多的办公厅、接待处。

喷雪黛粉叶多以盆栽式销售，主要分为5英寸、6英寸、7英寸不等，可依室内大小选购。由于它生长速度较快，且会趋向光源处生长，因此，室内种植时，最好放在半遮阴的环境下照护，平均约1周就必须转换方向，让盆栽均匀生长。

喷雪黛粉叶 净化室内空气6大指数

项目　　　　　指数	1	2	3	4	5	6	7	8	9	10
❶ 吸附悬浮落尘	🌱	🌱								
❷ 降低二氧化碳浓度	🌱	🌱	🌱	🌱	🌱	🌱	🌱			
❸ 减少甲醛	🌱	🌱	🌱	🌱	🌱					
❹ 吸收三氯乙烯	🌱									
❺ 消除氨气	🌱									
❻ 去除二甲苯／甲苯	🌱	🌱	🌱	🌱	🌱	🌱	🌱			

惊人的构造

喷雪黛粉叶为什么可以净化空气？

❶ **大叶片**：叶面大，可吸收大量的二氧化碳，尤以上午9点至12点效果最佳。

❷ **根茎**：气孔吸收的二甲苯，经由植物酶代谢转为氨基酸，存放于茎、根部。

Q：为什么在室内摆放喷雪黛粉叶，叶片容易褪色变淡？

A：光线不足容易造成叶片褪色、斑纹不均。喷雪黛粉叶可适应一般住家与办公室环境，最好放置窗边明亮、光线可照射处。若光线不足，叶片容易褪色变淡。此外，如果放置在低于10摄氏度的气温环境里，容易出现变黄及落叶的情形，需移到温暖处。

栽种 Q&A

养护技巧 TIPS

🏠 **放置场所**

最好置放在半遮阴的环境下。

💧 **湿度**

经常使用微温水浇湿，使其保持湿润。冬天则等土壤表面干燥再浇水即可，浇水过多会使根部腐烂。

🧪 **肥料**

每2~3个月施用1次有机肥。

🕷 **常见虫害**

叶螨、蚜虫与蓟马。

🌿 **栽种介质**

壤土或泥灰苔、腐叶土与河沙混合土。

💲 **参考市价**

15厘米高盆栽50~70元。

035

皱叶肾蕨

有效吸附建筑材料释放出的甲醛！

皱叶肾蕨复叶弯垂，叶片小而呈长椭圆形，叶柄为黑褐色。常见于台湾野生的山林角落，也是近来园艺设计的热门植栽。它的叶片蒸腾率高，是所有经过测试的室内植物中，增湿能力最强的一种；通过植物释放湿气，可以让空间保持一定的湿度，帮助清洁空气中的细菌，对于吸附甲醛相当有效。特别适合商办大厅、公司出入口处或是新装潢好的室内环境。

皱叶肾蕨很容易因为水分供给不足，而出现叶子干枯的现象，购买时要注意检查。室内种植时，要注意保持土壤微湿，但不可以过湿。如果是摆放在空调房环境里，应该经常喷水。

Basic Data

科 名
水龙骨科

原产地
热带地区

花 期
9~10月

养育难易度

日 照

皱叶肾蕨 净化室内空气 **6** 大指数

项目 \ 指数	1	2	3	4	5	6	7	8	9	10
❶ 吸附悬浮落尘	🌱	🌱								
❷ 降低二氧化碳浓度	🌱									
❸ 减少甲醛	🌱	🌱	🌱	🌱	🌱	🌱	🌱	🌱	🌱	
❹ 吸收三氯乙烯	🌱									
❺ 消除氨气	🌱									
❻ 去除二甲苯 / 甲苯	🌱	🌱	🌱	🌱	🌱	🌱	🌱	🌱		

惊人的构造

皱叶肾蕨为什么可以净化空气？

❶ **叶片**: 吸收甲醛后，经过植株代谢，转化为糖类储存在根部。

❷ **叶面上的气孔**: 蒸腾作用高，提高室内湿度，可减少空气中的过敏源。

养护技巧 TIPS

🏠 **放置场所**

最好放在半遮阴、湿润的环境下。

🌙 **湿度**

夏季需每天浇水，冬季约2天浇水1次。

🧤 **肥料**

每2~3个月施用1次有机肥。

🕷 **常见虫害**

少有害虫。偶尔有介壳虫、叶螨及蚜虫。

🪴 **栽种介质**

一般花盆中使用的腐殖土、混合土即可。

💲 **参考市价**

8厘米高盆栽6~10元。

Q: 我家的皱叶肾蕨都定时浇水，但为什么前端的叶子还是会干枯呢？

A: 日照过强导致叶子枯黄。
皱叶肾蕨喜爱阴暗潮湿的环境，当前端叶片有干枯的情形，很可能是日照过强的缘故。建议将盆栽移到阴凉处，一般办公室的光线就足够了。或改以水培方式养护，可改善叶子干枯的情况。

栽种 Q&A

火鹤花

可减少屏幕释放出的二甲苯、三氯乙烯！

Basic Data

科 名
天南星科

原产地
印度、马来西亚

花 期
全年开花

养育难易度

日 照

火鹤花以佛焰苞得名，分有白色、粉红、红色等多种颜色。它源于热带区域，喜欢温暖潮湿的环境，耐阴性很强，即使放在没有光线直射的地方也能开花，花期长达3周以上。其叶片可以吸收电脑屏幕释放出的二甲苯、三氯乙烯等有毒气体，净化能力高达80％，且这种植物的花苞艳丽，植株美观，适宜放在办公室接待处作为装饰花卉，具有很高的观赏价值。

购买火鹤花时，尽量挑选叶片多的，叶片越多，表示植物成熟度越高，开花概率也越高。此外，它的生长缓慢，要选择已有现成花苞片的，但中间肉穗花序不可有变黑或发霉的现象。

火鹤花 净化室内空气6大指数

项目 \ 指数	1	2	3	4	5	6	7	8	9	10
❶ 吸附悬浮落尘	🌱	🌱	🌱							
❷ 降低二氧化碳浓度				🌱	🌱	🌱				
❸ 减少甲醛				🌱	🌱	🌱				
❹ 吸收三氯乙烯				🌱	🌱	🌱				
❺ 消除氨气	🌱									
❻ 去除二甲苯／甲苯	🌱	🌱	🌱							

惊人的构造

火鹤花为什么可以净化空气？

❶ **花朵**：花朵具有蜡质光泽，可过滤二甲苯和三氯乙烯。

❷ **叶片**：叶片多，可有效附着空气中的落尘。

养护技巧 TIPS

🏠 放置场所

放在半遮阴、湿润的环境下。

💧 湿度

春季到秋季需保持土壤微湿，冬天减少浇水。浇水时避免直接淋叶面。

🧪 肥料

3~9月每周施以液态肥1次。

🕷 常见虫害

太干燥会出现叶螨；太湿冷会引起灰霉病。

☠ 栽种介质

使用等量的泥炭苔、水苔和腐叶。

$ 参考市价

8厘米高盆栽6~10元。

栽种 Q&A

Q： 为什么我从花市买了已开花的火鹤花种在室外花园中，但等1年都没再开花，只长叶子呢？

A： 室外环境过于通风干燥，火鹤花容易生长不良。

火鹤花的生长环境需要很高的湿度，如果摆放在阳台花架上或庭园地面，局部环境过于干燥，就很容易生长不良，造成植株矮小无法开花。应该将它摆放在阴湿的环境中，如墙角阴凉处，反而容易开花。

心叶蔓绿绒

心形叶片可爱小巧，可降低二氧化碳浓度！

Basic Data

科 名
天南星科

原产地
南美洲

花 期
鲜少开花

养育难易度

日 照

心叶蔓绿绒叶片呈心形，叶尖狭长，属于爬藤类植物。因为生长在热带南美洲，喜好温暖、相对湿度高的环境，可耐受低光度的环境，是目前最受欢迎、最容易栽种的蔓绿绒之一。叶片里的气孔可去除室内装潢释放出的甲醛、二氧化碳，尤其适合通风不佳的地方，或是办公室空间小但人多之处，可帮助净化空气。

心叶蔓绿绒价格便宜，在各大花市及家具连锁店都有销售。挑选时要特别注意叶片是否油绿，挑选的植株叶片越多越好。此外，蔓绿绒类的植栽茎叶含有毒汁液，人畜不小心误食会造成腹泻、胃痛等症状；皮肤触碰也会发热发痒，立即用大量的冷水冲洗，可以舒缓不适症状。

心叶蔓绿绒 净化室内空气**6**大指数

项目 \ 指数	1	2	3	4	5	6	7	8	9	10
❶ 吸附悬浮落尘	🌱	🌱								
❷ 降低二氧化碳浓度	🌱	🌱	🌱	🌱	🌱	🌱				
❸ 减少甲醛	🌱	🌱	🌱	🌱	🌱	🌱				
❹ 吸收三氯乙烯	🌱									
❺ 消除氨气	🌱									
❻ 去除二甲苯／甲苯	🌱									

惊人的构造

心叶蔓绿绒为什么可以净化空气？

❶ **叶面上的气孔**：通过气孔吸收二氧化碳，且不受光线影响而改变。

❷ **植株**：吸收甲醛后，通过酶的作用，转化为二氧化碳，进而形成氨基酸、有机酸和糖类等物质。

养护技巧 TIPS

放置场所

放在半遮阴、湿润的环境下。

湿度

夏天1~2天浇水1次，冬天约1星期1次，需要常保土壤湿润。

肥料

每2个月需以固态长效肥追施1次。

常见虫害

会有蚜虫、粉介壳虫与介壳虫等虫害。太过湿冷会使根部腐烂。

栽种介质

使用排水性良好的腐殖壤土加入少量培养土，如蛇木屑。

$ 参考市价

8厘米高盆栽约8元。

Q ：为什么家里种植的蔓绿绒会出现蜘蛛丝缠绕？要怎么样才能消灭呢？

A ：以植物专用杀虫剂喷洒枝茎表面。

心叶蔓绿绒生长需要温暖潮湿的环境，这刚好是红蜘蛛最喜欢的环境，所以每到了春末夏初，尤其是梅雨时季一过，正是红蜘蛛肆虐的时候。消灭红蜘蛛的方法很简单，只要在早晨，将植物移往室外通风处，以植物专用杀虫剂直接喷洒于枝茎表面，并注意不要碰触到身体，半天后红蜘蛛就被消灭。

栽种 Q&A

中斑吊兰

减少二氧化碳及香烟中的尼古丁！

Basic Data

科名
百合科

原产地
南美洲

花期
全年开花

养育难易度
🌱

日照
☀️

中斑吊兰是最常见的吊兰品种，绿叶中间有条宽长的黄色或乳白色条纹，叶长可达15～30厘米。目前已经证实，这种植物可以在24小时内，将试验容器中的有害气体全部吸收净化，因此有"空气清净器"的称号。其中，能有效降低空气中二氧化碳以及香烟烟雾中尼古丁的浓度。最适合放在通风不良的办公室，或公共场所里的吸烟室。

中斑吊兰以6英寸、8英寸的吊盆生产、销售居多，选购时要特别注意叶片尖端有没有枯黄，尖端有发黄现象，表示有生理性病害。此外，摆在家中时，为使其生长均衡，要经常转动吊盆的方向，使叶片保绿茂盛。

中斑吊兰 净化室内空气6大指数

项目 \ 指数	1	2	3	4	5	6	7	8	9	10
❶ 吸附悬浮落尘	🌱	🌱	🌱							
❷ 降低二氧化碳浓度	🌱	🌱	🌱	🌱	🌱	🌱	🌱	🌱	🌱	
❸ 减少甲醛	🌱	🌱	🌱							
❹ 吸收三氯乙烯	🌱									
❺ 消除氨气	🌱									
❻ 去除二甲苯/甲苯	🌱									

惊人的构造

中斑吊兰为什么可以净化空气?

❶ **叶面上的气孔**：通过气孔，在室内可以吸收200～1 200ppm范围内的二氧化碳。

❷ **植株**：可吸收甲醛、尼古丁、甲苯等有毒气体，转化成养分，保存于根部。

Q ： 如何预防中斑吊兰叶尖干枯?

A ： 注意换土换盆及光照问题。

家庭盆养吊兰，在一般情况下，易出现叶尖干枯、叶片逐渐失去光泽等现象，为养护管理好吊兰，需采取以下措施。

❶ **换土换盆**：中斑吊兰，在每年的3月应换土、换盆1次。在翻盆时，将植株从盆中磕出，剪去枯腐根和多余的根系，换上新的富含腐殖质的培养土。

❷ **光照适当**：吊兰喜欢半阴环境，避免夏季阳光直接照射，冬季可适当增加光照。

栽种 Q&A

养护技巧 TIPS

🏠 **放置场所**

放在半遮阴、湿润的环境下。

💧 **湿度**

夏季浇水要充足，中午前后及傍晚还应往枝叶上喷水，以防叶干枯。冬季少浇水。

🧴 **肥料**

每7～10天施1次有机液肥。每年的3月换土、换盆。

🕷 **常见虫害**

太干燥会有蚜虫、粉介壳虫与介壳虫等虫害。

🌵 **栽种介质**

水培或多用途盆土均可。

💲 **参考市价**

15厘米盆栽约40元。

叶片可吸附二氧化碳及落尘！

圣诞红

Basic Data

科 名
大戟科

原产地
墨西哥

花 期
10月至翌年2月

养育难易度

日 照

圣诞红最好辨识的特征就是大红色的叶片（苞片），每到圣诞节就会看到红色叶片遍布街头巷口。它是台湾目前年产量最高的盆花，从每年10月就开始上市，直到12月，因其大红色的叶片而增添不少节日气氛。它的叶片能吸附二氧化碳及悬浮落尘，适合摆放在个人办公桌上，兼具观赏功能。

选购圣诞红时，红色苞片要完全着色且都开展，苞片边缘仍多呈绿色者，表示植栽尚未成熟。另外，成长期需要适当的伸展空间，但有些卖场为节省空间未将套袋移除，直接摆设销售，植栽会因套袋太久，品质变差。圣诞红外表无毒，但茎叶里的白色汁液会刺激皮肤导致红肿、过敏。

圣诞红 净化室内空气 6 大指数

项目	指数	1	2	3	4	5	6	7	8	9	10
❶ 吸附悬浮落尘		🌱	🌱	🌱	🌱	🌱					
❷ 降低二氧化碳浓度		🌱	🌱	🌱	🌱	🌱	🌱	🌱	🌱	🌱	🌱
❸ 减少甲醛		🌱	🌱	🌱	🌱						
❹ 吸收三氯乙烯		🌱	🌱	🌱							
❺ 消除氨气		🌱									
❻ 去除二甲苯／甲苯		🌱	🌱	🌱							

惊人的构造

圣诞红为什么可以净化空气？

❶ **叶片**：有数万条茸毛，可以借由茸毛吸附空气中的灰尘。

❷ **叶面上的气孔**：通过气孔吸收二氧化碳，吸收效果明显。

❸ **植株**：通过气孔吸收甲醛，经酶的作用转化为氨基酸、糖类，并运至根部储存。

养护技巧 TIPS

🏠 **放置场所**

放置在离窗边1米内的位置、阳台边阳光不能直射、明亮的室内或灯源的下方。

💧 **湿度**

浇水前应先以手指触摸盆内土壤，如果表面干燥，这时就需要浇水。

🌱 **肥料**

开花期不需要施肥；成长期每2周施以少量肥料即可。

🕷 **常见虫害**

常有粉虱。盆土太潮湿会使根部腐烂。

🌿 **栽种介质**

水培或多用途盆土均可。

$ **参考市价**

8厘米高盆栽16～20元。

栽种 Q&A

Q ：如何维持圣诞红鲜红的苞片？

A ：光线强弱影响观赏期。

圣诞红开花期可长达半年之久，而这段时间想要维持鲜艳的苞片，关键在于光线充足。因此，建议放在室内灯源下，或窗台边接受3～5小时的照射。光线暗，苞片易褪色凋谢。适量浇水可以让植株正常生长，太潮湿反而造成大量落叶。

羽裂蔓绿绒

降低二氧化碳浓度，避免办公时昏沉！

Basic Data

科 名	天南星科
原产地	南美洲
花 期	夏季
养育难易度	🌱🌱
日 照	☀️☀️

　　羽裂蔓绿绒又称龟背芋，叶子呈羽状深裂，成熟时裂口更为明显，使叶子形成皱折状，叶色鲜绿，是灌木型蔓绿绒中最常见、最适合种植在室内的植栽。它比大部分的蔓绿绒更耐干旱与低光度的环境，若适当养护，可存活数年之久。它净化二氧化碳的效果极佳，多摆设于办公室的公共空间以及人多之处，可有效降低二氧化碳浓度，避免办公时昏沉、嗜睡。

　　选购羽裂蔓绿绒时，以枝茎挺立无下垂，并有新芽冒出者为健康植株。室内养护时，要避免烈日直接照射，最适合摆放在室内光线明亮的位置，例如窗边或照明灯下就可以养护得很好。

羽裂蔓绿绒 净化室内空气6大指数

项目 \ 指数	1	2	3	4	5	6	7	8	9	10
❶ 吸附悬浮落尘	🌱	🌱								
❷ 降低二氧化碳浓度	🌱	🌱	🌱	🌱	🌱	🌱	🌱	🌱	🌱	🌱
❸ 减少甲醛	🌱									
❹ 吸收三氯乙烯	🌱									
❺ 消除氨气	🌱									
❻ 去除二甲苯/甲苯	🌱									

惊人的构造

羽裂蔓绿绒为什么可以净化空气?

叶片：空气中的二氧化碳，经气孔扩散进入叶肉细胞被吸收。

养护技巧 TIPS

🏠 放置场所

最适合摆放在室内光线明亮的位置，如窗边或照明灯下。

💧 湿度

忌潮湿。夏天约5天浇水1次，冬天7～10天浇水1次。

🌿 肥料

每2个月以固态长效肥施肥1次。

🐛 常见虫害

偶有蚜虫、介壳虫与粉介壳虫。

🌱 栽种介质

多用途盆土即可。

$ 参考市价

18厘米盆栽约90元。

Q : 为何从花市买回的羽裂蔓绿绒种植一段时间，开始出现叶片溃烂、茎枝垂软的现象呢？

A : 土壤过于潮湿，导致枝茎垂软。

羽裂蔓绿绒不喜欢潮湿的环境，过于潮湿，会让叶片溃烂，严重的话，叶片溃烂会逐渐蔓延，最终导致茎枝烂掉。这时，就需将整枝茎枝剪除，并减少给水量，给予适度湿度与通风的环境。所以在浇水后，为避免积水造成烂根，需以干抹布吸去留在水盘里的多余积水，预防以上情况。

栽种 Q&A

蟹爪兰

吸附甲醛及电子产品发出的电磁波！

蟹爪兰因其茎节具钳状尖锐锯齿，枝节接连，形似螃蟹脚，故得名。花朵呈歪斜形，花色有白、粉红、红、紫红、紫和黄色，花瓣很薄，质感像丝缎，花期可持续好几周。它属于仙人掌科，能够有效去除甲醛及电子产品，如液晶屏幕发出的电磁波。经证实将一盆蟹爪兰放置于充满甲醛的密闭空间中，只需要1天的时间，就可以去除85％的甲醛。

选购蟹爪兰时，要注意植株旺盛、花苞多的盆栽才是健康植株。室内养护时，要避免强光直接照射，最适合摆放在室内光线明亮位置的半日照环境，如窗边最佳。

Basic Data

科 名
仙人掌科

原产地
巴西

花 期
12月至翌年4月

养育难易度

日 照

蟹爪兰 净化室内空气6大指数

项目 \ 指数	1	2	3	4	5	6	7	8	9	10
❶ 吸附悬浮落尘	🌱	🌱								
❷ 降低二氧化碳浓度	🌱	🌱								
❸ 减少甲醛	🌱	🌱	🌱	🌱	🌱	🌱				
❹ 吸收三氯乙烯	🌱									
❺ 消除氨气										
❻ 去除二甲苯/甲苯	🌱	🌱	🌱	🌱	🌱					

惊人的构造

蟹爪兰为什么可以净化空气？

❶ **植株**：吸收甲醛后，经过酶的代谢作用转为氨基酸、有机酸。

❷ **叶面气孔**：叶面气孔白天关闭，夜间打开，可以吸收二氧化碳，制造新鲜氧气，使室内空气中的负离子浓度增加。

栽种Q&A

Q：当蟹爪兰开花时，需要经常浇水保持花朵鲜嫩吗？

A：只需5~7天浇水1次即可。

蟹爪兰1年开1次花，虽然花期短，但花期仍需维持半日照的环境与适当的浇水，5~7天浇水1次即可。尤其是长花苞时，不可爱花心切，浇水太勤，否则会使根部腐烂、花苞脱落。再次提醒：蟹爪兰不是兰花，其属仙人掌科，因此水分不需太多，适量即可。

养护技巧 TIPS

放置场所

最适合摆放在室内光线明亮的位置，如窗边或照明灯下。

湿度

忌潮湿。夏天约5天浇水1次，冬天7~10天浇水1次。

肥料

每2个月以固态长效肥施肥1次。

常见虫害

偶有蚜虫、介壳虫与粉介壳虫。

栽种介质

多用途盆土即可。

$ 参考市价

1盆吊盆约50元。

印度橡胶树

榕属植物中，去除甲醛效果最佳！

印度橡胶树叶厚大有光泽，呈椭圆形，最长可至25厘米。植株可高达10米以上，枝干上有气根，非常容易生长，是常见的行道树及庭园造景植物。根据太空总署（NASA）证实，它是榕属植物里去除室内甲醛化学毒素功效最好的；此外，其臭氧净化能力是各类植栽中最强的，很适合放在空气循环不良、密闭空间的会议室里。

到花市选购印度橡胶树时，要选择叶片厚实、健康，且带有光泽的植株。因这种植物有向阳性，长期摆放在同一位置，会向日照强的方向生长，最好平均1周转动盆面15°～45°，使盆栽四面轮流受光，让枝叶均衡生长。

印度橡胶树 净化室内空气6大指数

项目 \ 指数	1	2	3	4	5	6	7	8	9	10
❶ 吸附悬浮落尘	🌱	🌱	🌱	🌱	🌱	🌱	🌱	🌱		
❷ 降低二氧化碳浓度	🌱	🌱	🌱	🌱	🌱	🌱	🌱	🌱	🌱	
❸ 减少甲醛	🌱	🌱	🌱	🌱	🌱	🌱	🌱	🌱	🌱	🌱
❹ 吸收三氯乙烯	🌱									
❺ 消除氨气	🌱									
❻ 去除二甲苯/甲苯	🌱	🌱	🌱	🌱	🌱					

惊人的构造

印度橡胶树为什么可以净化空气？

❶ **叶片：** 叶片面积大但光滑，可将落尘暂时附着在叶面上。

❷ **叶面上的气孔：** 可吸收甲醛、臭氧经过酶的代谢作用转为氨基酸、有机酸。

养护技巧 TIPS

🏠 放置场所

适合摆放在室内光线明亮的位置，如阳台或有光线照射的窗台边。

💧 湿度

夏季3~4天浇水1次。冬天可待表土微干即可再浇水，约每星期1次。

🧴 肥料

每3个月施加固态长效肥料。

🐛 常见虫害

在空调、干燥环境下，易受介壳虫、叶螨和蓟马的侵害。

🪴 栽种介质

多用途盆土即可。

$ 参考市价

18厘米高盆栽140元。

栽种 Q&A

Q： 要如何让印度橡胶树维持在一定的高度，保持清爽的模样，不会愈长愈大呢？

A： 摘3~5次新生叶心，抑制植株生长。

印度橡胶树盆栽在室内或阳台种植一段时间后，会不断地向上生长，如果要将树形维持一定高度的话，可以在植株生长到1米时，就将新生的叶心摘下，摘心3~5次，就能抑制植株的生长。当植株不继续向上发长时，养分就会储存在原来的枝干上，所以枝叶会愈来愈密，枝干会愈来愈粗。

袖珍椰子

能减少文具用品散发出的甲醛和苯！

Basic Data

科 名
棕榈科

原产地
墨西哥及危地马拉

花 期
春季

养育难易度

日 照

袖珍椰子由于株形酷似热带椰子树，形态小巧玲珑，美观别致，故得名。它性耐阴，枝干小而挺直，腹叶呈淡绿色，最高可长至1.8米高，但台湾多用为迷你盆栽。它生长缓慢、容易养护，可耐受室内中的低光度与低湿度的环境。这种植物具有消除甲醛、油性笔和修正液等文具用品散发出的苯以及三氯乙烯，非常适合放在会议室中，以降低有毒气体浓度。

挑选袖珍椰子时，要选择叶片完整、油绿且带有光泽的植株。市面上也有销售种子包，记得选购完整、无虫蛀的种子，才能确保生长出健康的植栽。事实上，它非常好养护，只要注意适当浇水即可。

袖珍椰子 净化室内空气6大指数

项目 \ 指数	1	2	3	4	5	6	7	8	9	10
❶ 吸附悬浮落尘	🌱	🌱								
❷ 降低二氧化碳浓度	🌱	🌱	🌱	🌱	🌱	🌱				
❸ 减少甲醛	🌱	🌱	🌱	🌱	🌱	🌱	🌱			
❹ 吸收三氯乙烯	🌱	🌱	🌱							
❺ 消除氨气	🌱									
❻ 去除二甲苯/甲苯	🌱	🌱	🌱	🌱	🌱					

惊人的构造

袖珍椰子为什么可以净化空气?

❶ **叶面上的气孔：** 经由气孔吸收二氧化碳转为有机酸或糖类。

❷ **叶片：** 释放芬多精，可以跟甲醛、苯类、三氯乙烯等相互中和。

养护技巧 TIPS

🏠 **放置场所**

适合摆放在室内灯源下。

💧 **湿度**

需常保土壤湿润，尤其3~9月的成长期需要经常浇水。

🧴 **肥料**

每3个月施加肥料溶液1次。

🐛 **常见虫害**

会有叶螨。浇水过多会使根部腐烂。

🌱 **栽种介质**

多用途盆土即可。

$ **参考市价**

8厘米高盆栽约10元。

栽种 Q&A

Q ： 我家的袖珍椰子平常种在阳台，没直射日照，为什么会慢慢从叶尖的地方枯掉呢?

A ： 提高空气湿度，预防叶尖枯黄。

袖珍椰子属于半日照植物，不需直射日照，所以应该不是日照问题。如果发现叶尖开始枯黄，可能是空气湿度低，造成植物叶背受到红蜘蛛危害。最好的方法是，以浇水提高空气湿度，顺便冲洗叶片以降低病虫害发生。

澳洲鸭脚木

外观似大伞，可吸收二氧化碳和二手烟！

Basic Data

科 名
五加科

原产地
墨西哥及危地马拉

花 期
春季

养育难易度

日 照

澳洲鸭脚木具有长柄，叶为掌状复叶，呈长椭圆形，叶质有光泽，叶端尖，叶子可达30厘米长。因为它的叶子从中央向四周伸展，形状很像把伞，所以又称为伞树或八脚树，是许多庭园或公共场所常见的大型植栽。

这类植物，可以通过叶片吸收二手烟、二氧化碳以及甲醛，帮助气体流通、排出，降低空气污染的浓度，最适合摆放在公司吸烟室。

到花市选购澳洲鸭脚木，要选择叶片健康，没有黑点或是枯黄的地方，带有鲜绿光泽的植株。它很好养护，对新手或疏于养护的人来说是绝佳的选择。

澳洲鸭脚木 净化室内空气6大指数

项目 \ 指数	1	2	3	4	5	6	7	8	9	10
❶ 吸附悬浮落尘	🌱	🌱	🌱	🌱						
❷ 降低二氧化碳浓度	🌱	🌱	🌱	🌱	🌱	🌱	🌱	🌱		
❸ 减少甲醛	🌱	🌱	🌱	🌱	🌱	🌱	🌱	🌱	🌱	
❹ 吸收三氯乙烯	🌱									
❺ 消除氨气	🌱									
❻ 去除二甲苯/甲苯	🌱									

惊人的构造

澳洲鸭脚木为什么可以净化空气？

❶ **叶片**：因叶片宽大平展，可将落尘固着于气孔或茸毛上。

❷ **气孔**：经由气孔吸收二氧化碳，并固定为有机酸或糖类储存。

❸ **植株**：通过叶面吸收甲醛，经由代谢作用，转为氨基酸、糖类等，并移至茎或根部储存。

养护技巧 TIPS

🏠 **放置场所**

适合摆放在室内灯源下，或采光好的窗边或阳台。

☀ **湿度**

水分需求不大，夏季约5天浇1次，冬天约每星期1次。

🧪 **肥料**

每3个月施加肥料溶液1次。

🕷 **常见虫害**

容易吸引介壳虫。若空气太干燥，尤易生蚜虫、叶螨、粉介壳虫。

🌱 **栽种介质**

建议使用水培法。

💲 **参考市价**

160厘米盆栽约300元。

栽种 Q&A

Q：从花市买一棵澳洲鸭脚木放在室内，但是过了3个月，老叶却长出黑斑，新叶也垂垂软软的，是养护上出了什么问题呢？

A：鸭脚木感染虫害，需移至室外喷杀虫剂解决。

这可能是鸭脚木感染了虫害。如果摆放在闷热不通风的环境里，很容易引起虫害。将枯黄的叶片做修剪，并移到室外以植物专用杀虫剂进行除虫，并换到通风处，植株就能继续健康成长。

芦荟

1盆就可以清除空间内90％的甲醛及灰尘！

Basic Data

科 名
百合科

原产地
南非

花 期
12月至翌年3月

养育难易度

日 照

芦荟针叶形、肉厚，叶中含黏状液是它的特征之一，属多肉植物。芦荟可吸收甲醛、二氧化碳、二氧化硫、一氧化碳等有害物质，尤其对甲醛吸收能力特别强，在4小时光照条件下，可消除10平方米空间空气中90％的甲醛，还能杀灭空气中的有害微生物，并吸附灰尘，对净化居室环境有很大作用，最适合放在通风不良但有光线的会议室。此外，当室内有害气体浓度过高时，芦荟的叶片就会出现斑点，这就是求援信号。

购买芦荟时，要选择叶片厚实、边沿有刺、叶片渐尖的健康植栽。新手养护时，要注意日照充足、经常浇水，排水性好，并不需经常施肥，就可以养活。

芦荟 净化室内空气 **6** 大指数

项目 \ 指数	1	2	3	4	5	6	7	8	9	10
❶ 吸附悬浮落尘	🌱	🌱	🌱	🌱	🌱					
❷ 降低二氧化碳浓度	🌱	🌱	🌱	🌱	🌱	🌱				
❸ 减少甲醛	🌱	🌱	🌱	🌱	🌱	🌱	🌱	🌱	🌱	
❹ 吸收三氯乙烯	🌱									
❺ 消除氨气	🌱									
❻ 去除二甲苯／甲苯	🌱									

惊人的构造

芦荟为什么可以净化空气?

❶**叶片:**因芦荟叶面有黏性物质,可黏着尘埃。

❷**气孔:**晚上呼出氧气,吸入二氧化碳,使室内负离子浓度增加。

❸ **植株:**芦荟从叶片、茎到土壤都可以吸收有害气体,净化空气。

养护技巧 TIPS

🏠 **放置场所**

适合摆放在采光好的窗边或阳台。

💧 **湿度**

春夏季每周浇水1次,冬季减少浇水量。

🧴 **肥料**

春夏季1个月施肥1次;秋冬季不要施肥。

🐛 **常见虫害**

鲜见病虫害。

🪴 **栽种介质**

具排水性的市售一般盆土。

$ **参考市价**

中型盆栽约100元。

栽种 Q&A

Q:我养了芦荟好一阵子,都没有开花,请问这是什么原因呢?

A:日照及土壤养分是关键。
使芦荟开花,有两大重点:❶要将芦荟放在有日照的地方。在夏季时,要让它充分接受日晒,冬季因温度较低,可外套一层透明塑料薄膜,移至户外晒太阳;❷土壤养分要足够,定期施肥能让芦荟生长得更健康。

罗比亲王海枣

具南洋风情，可降低二甲苯和甲醛浓度！

Basic Data

科名
棕榈科

原产地
热带和亚热带、亚非地区

花期
3～6月

养育难易度

日照

罗比亲王海枣叶片细长，向四方张开，绿叶上覆有白色粉末，叶柄的地方有黄色的刺，长大后树干会像驼背一样弯弯的。因它具有南洋风，经常使用在庭园造景或南洋风情的室内。这种植物较巨大，适合放在宽敞的办公室内或大型会议厅，能降低电脑屏幕、墙面油漆等释放出的二甲苯和甲醛的浓度。

到花市购买罗比亲王海枣时，可以挑选树形优美、比例匀称，茎干与叶片的垂度协调，具有视觉美感的树形。新手种植时，要注意保持土壤潮湿，除了浇透土壤外，可以直接对着叶片洒水，滋润叶片，常保叶片翠绿。

罗比亲王海枣 净化室内空气6大指数

项目 ＼ 指数	1	2	3	4	5	6	7	8	9	10
❶ 吸附悬浮落尘	🌱	🌱	🌱	🌱						
❷ 降低二氧化碳浓度	🌱	🌱								
❸ 减少甲醛	🌱	🌱	🌱	🌱	🌱	🌱	🌱	🌱	🌱	🌱
❹ 吸收三氯乙烯	🌱									
❺ 消除氨气	🌱									
❻ 去除二甲苯 / 甲苯	🌱	🌱	🌱	🌱	🌱	🌱	🌱	🌱	🌱	🌱

惊人的构造

罗比亲王海枣为什么可以净化空气？

❶ **叶片：** 叶片细长而密集，可使落尘停着于叶面。

❷ **植株：** 从叶片、茎到土壤都可以吸收甲醛和二甲苯，将其转化为有机体储存在根部。

养护技巧 TIPS

🏠 **放置场所**

喜好阳光充足，以光线明亮处为佳。

💧 **湿度**

夏天3~5天浇水1次，冬天7~10天浇1次。

🌿 **肥料**

初春、初秋，每半年追施1次长效肥。

🐛 **常见虫害**

鲜见病虫害。

🌱 **栽种介质**

以1：1黏土和一般培养土混合而成的土壤最佳。

💲 **参考市价**

150厘米高的盆栽约360元。

Q：为什么买了1个月的罗比亲王海枣盆栽，叶子的尾端渐渐下垂，整片叶子慢慢干枯？

A：植株水分不足造成的。

罗比亲王海枣喜欢温暖潮湿的环境，要时常保持土壤潮湿。若种植的植株出现叶尾下垂，表示植株水分不足，此时要尽快补充水分，不然整个植株就会死亡。可直接以大量的水将土壤一次浇透，直到多余的水分从下方气孔冒出。

栽种 Q&A

蝴蝶兰

叶宽大，可吸附打印机等的废气！

Basic Data

科名
兰科

原产地
东印度、东南亚、印度尼西亚、新几内亚

花期
四季

养育难易度
🌱🌱🌱

日照
☀️ ☀️

蝴蝶兰是单茎型植物，也就是从底部的叶片中抽出一枝长长的花梗。通常从冬天到春天都是它的花期，花宽5~7.6厘米，有白、黄、粉红、红、紫、棕等颜色。而叶片肥厚宽大、光亮如皮革。对于吸附事务机、影印机所产出的二甲苯相当有效，很适合放在这些机器的周边。

蝴蝶兰是最好的入门花种，因为它对热带室内环境的容忍度比其他种类高。挑选时，要选择花型好看、植株挺直且健康无病害者，养护起来才不会困难。注意观察叶面上有无黑点，若有黑点，植株可能有虫害。此外，叶片上有白粉是喷洒农药的痕迹，手若不小心摸到要记得冲水清洗。

蝴蝶兰 净化室内空气6大指数

项目＼指数	1	2	3	4	5	6	7	8	9	10
❶ 吸附悬浮落尘	🌱	🌱								
❷ 降低二氧化碳浓度	🌱	🌱								
❸ 减少甲醛	🌱	🌱	🌱	🌱	🌱					
❹ 吸收三氯乙烯	🌱									
❺ 消除氨气	🌱									
❻ 去除二甲苯/甲苯	🌱	🌱	🌱	🌱	🌱	🌱	🌱			

惊人的构造

蝴蝶兰为什么可以净化空气？

❶ **花朵**：吸附二甲苯，经代谢作用，可减少75%的浓度。

❷ **叶片**：叶面大而平滑，可附着落尘。

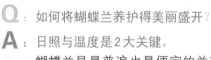

Q：如何将蝴蝶兰养护得美丽盛开？

A：日照与温度是2大关键。

蝴蝶兰是最普遍也最便宜的兰花，台湾南部开花期约在2月，北台湾约在3~4月开花。兰花开花机制受日照及温度的影响。兰花是需要半日照，一般室内温度皆可适应，应保持空气流通。若土壤肥料养分不足，开花后花梗上的花朵数目以及花朵品质也都会受影响；若养分供应充足，兰花花梗品质就佳，花朵会成串生长。

栽种 Q&A

养护技巧 TIPS

🏠 **放置场所**

要放置在通风处，不要直接曝晒于强光下。

💧 **湿度**

夏季7~12天，冬季10~15天，浇水1次，浇其根部后，置于通风处3~4小时风干，放回原处。

🌿 **肥料**

每2周施以稀释液态肥料。

🐛 **常见虫害**

浇水过度会滋生霉菌；太干燥的空气则会出现介壳虫及叶螨。

🌱 **栽种介质**

使用一般市售兰花专用培养土。

$ **参考市价**

8厘米高盆栽约50元。

红边竹蕉

耐旱又不需强光，可减少三氯乙烯！

Basic Data

科 名
龙舌兰科

原产地
马达加斯加

花 期
几乎不开花

养育难易度
❀❀

日 照
☼

红边竹蕉是为人熟知且最容易栽培的竹蕉类植物之一，可耐受低光与冬天干燥的空气，是适合大多数办公及住家环境的理想植物。它的茎平滑直立，成株叶狭长，丛生于茎顶端。这种植物对于去除办公室里的打印机和复印机所释出的二甲苯与三氯乙烯，相当有效。

红边竹蕉常以3英寸盆的小型植株销售，选购时要观察叶片尖端有无枯黄条带，或出现锯齿状锈色边缘，这可能是老叶缘故。新手种植时，要注意土壤湿度，在干燥的中央空调暖气环境里，可能会受到叶螨的侵害。此外，定期清洗叶面，可以有效减少红蜘蛛的危害。

红边竹蕉 净化室内空气 **6** 大指数

项目 ＼ 指数	1	2	3	4	5	6	7	8	9	10
❶ 吸附悬浮落尘	🌱	🌱	🌱	🌱	🌱	🌱				
❷ 降低二氧化碳浓度	🌱	🌱								
❸ 减少甲醛			🌱	🌱	🌱	🌱				
❹ 吸收三氯乙烯			🌱	🌱	🌱	🌱	🌱			
❺ 消除氨气	🌱									
❻ 去除二甲苯 / 甲苯	🌱	🌱	🌱	🌱	🌱	🌱	🌱	🌱		

惊人的构造

红边竹蕉为什么可以净化空气？

❶ **叶片：** 细长而密集，可使落尘停着在叶面上。

❷ **植株：** 通过气孔吸进二甲苯和三氯乙烯，经酶的作用，转化为氨基酸、糖类，并移到根部储存。

养护技巧 TIPS

🏠 **放置场所**

要放置在通风处，不要直接曝晒于强光下。

💧 **湿度**

春、夏两季保持土壤湿润，冬季减少浇水。

🌿 **肥料**

春、夏两季应使用液态肥料，冬季减少施肥。

🕷 **常见虫害**

少有虫害。但太干燥会受到叶螨侵害。

🌱 **栽种介质**

一般花盆中使用的培养土。

💲 **参考市价**

120厘米高盆栽约300元。

栽种 Q&A

Q ： 为什么我家的红边竹蕉叶片很容易枯黄？该如何防治呢？

A ： 考虑日照及湿度。

首先考虑，必须将红边竹蕉放置于室内明亮处，否则叶面的颜色会褪淡，同时叶片会软垂而不挺拔，严重影响观赏价值。而且要特别注意，夏天不能受到阳光直射，其他季节则无妨。另外，空气过于干燥也会造成叶片尖端焦枯，可将枯黄叶片剪除，但要施以适量水分，让植栽茂盛。

非洲菊

可分解打印机中的三氯乙烯及二甲苯！

Basic Data

| 科 名 |
| 菊科 |

| 原产地 |
| 南非 |

| 花 期 |
| 全年开花 |

| 养育难易度 |

| 日 照 |

非洲菊又名太阳花，就像是缩小版的彩色向日葵，四季都会开花，叶片从短缩的茎上密集长出，全株都布满细毛。伸长的花茎上开一朵硕大的菊花，花色丰富，最常见的是橘、黄、红等花系。不论是居家盆花或是花艺设计常可以看见它。这种花能分解有害物质，即存在于打印机等办公设备中的三氯乙烯和隐匿于天花板中对肾脏有害的二甲苯。

选购非洲菊时，若花茎底部发生黑色状况（俗称"黑脚"），则这类的花材品质不佳，最好不要挑选。另外，发霉的或是摸起来有黏液的，都表示花材采收已久，不能购买。

非洲菊 净化室内空气 6 大指数

项目 \ 指数	1	2	3	4	5	6	7	8	9	10
❶ 吸附悬浮落尘	🌱	🌱	🌱	🌱	🌱	🌱				
❷ 降低二氧化碳浓度	🌱	🌱								
❸ 减少甲醛	🌱	🌱	🌱	🌱	🌱	🌱	🌱	🌱		
❹ 吸收三氯乙烯	🌱	🌱	🌱	🌱	🌱	🌱	🌱	🌱	🌱	
❺ 消除氨气	🌱									
❻ 去除二甲苯／甲苯	🌱	🌱	🌱	🌱	🌱	🌱	🌱	🌱	🌱	

惊人的构造

非洲菊为什么可以净化空气？

❶ **花朵**：蒸腾率高，可维持室内湿度，具有抗菌的功效。

❷ **叶片**：叶面上有茸毛，可附着落尘。

❸ **植株**：通过气孔吸收二甲苯和三氯乙烯，经酶的作用，转化为氨基酸、糖类，并移到根部储存。

栽种 Q&A

Q：为什么养了1年多的非洲菊不开花，但叶子很茂盛？该怎么让它开花呢？

A：可以摘除一些叶子，以免影响光照。因为叶片过多，不但影响花枝的数量与品质，而且影响植株的光照和通风，易发生病虫害。可以摘除一些叶子，把外层老叶去除，留15片左右就可以。叶片尽量不要重叠，以免影响光照和通风。另外，花芽分化前，每周追施1次肥料，很快就可看到小花蕾。开花后，在每株花中留3~4片叶片，摘去病叶、枯叶。将重叠拥挤在同方向的多余叶摘掉，摘叶时注意不要伤及小花蕾。

养护技巧 TIPS

放置场所

要放置在通风处，不要直接曝晒于强光下。

湿度

使土壤保持均湿而不可湿透。

肥料

成长期应经常施用含有氮、磷、钾的完全肥料。

常见虫害

空气温度过高或太干燥可能会受到蚜虫与叶螨的侵害。过度浇水易使根部腐烂。

栽种介质

一般花盆中使用的培养土。

参考市价

13厘米高盆栽约40元。

白玉黛粉叶

降低橡胶制品及清洁剂中的苯类含量！

Basic Data

科 名
天南星科

原产地
哥伦比亚、
委内瑞拉及厄瓜多尔

花 期
不开花

养育难易度
🌱🌱

日 照
☀☀

白玉黛粉叶多年生常绿草本，茎有单干及丛生型。叶缘通常呈绿色，叶面有白色或黄色的大理石花纹，叶身多呈椭圆形。具有层次的美感及观赏价值，是目前受欢迎的庭园造景植栽。黛粉叶植物可以减少主要存于各类橡胶制品、清洁剂中的甲苯、二甲苯含量，最适合放在办公室中。

挑选白玉黛粉叶时，要选择叶片健康鲜绿、叶面颜色饱和分明的植株。新手种植时，最好放置窗边明亮、光线可照射处。此外，保持土壤湿润，才能避免长虫及枯叶。要特别小心的是，这类植物汁液里因为含有草酸钙，不小心误食会造成喉咙肿胀、恶心、呕吐等症状。

白玉黛粉叶 净化室内空气6大指数

项目 \ 指数	1	2	3	4	5	6	7	8	9	10
❶ 吸附悬浮落尘	🌱	🌱								
❷ 降低二氧化碳浓度	🌱	🌱	🌱	🌱	🌱	🌱				
❸ 减少甲醛	🌱	🌱	🌱	🌱	🌱	🌱	🌱	🌱		
❹ 吸收三氯乙烯	🌱	🌱	🌱	🌱	🌱	🌱				
❺ 消除氨气	🌱									
❻ 去除二甲苯/甲苯	🌱	🌱	🌱	🌱	🌱	🌱	🌱	🌱	🌱	🌱

惊人的构造 白玉黛粉叶为什么可以净化空气?

❶ **叶片**：叶面宽大且平滑，可通过蒸腾作用增加空气湿度，有抑菌的功能。

❷ **气孔**：吸收二氧化碳，并转化为有机酸或糖类储存。

❸ **植株**：通过气孔吸进二甲苯，经酶的作用，转化为氨基酸、糖类，并移到根部储存。

养护技巧 TIPS

🏠 **放置场所**

要放置在通风处，不要直接曝晒于强光下。

💧 **湿度**

使用微温水浇水，使其保持湿润。

🧴 **肥料**

成长期应经常施用含有氮、磷、钾的完全肥料。

🐛 **常见虫害**

常有介壳虫寄生。

🪴 **栽种介质**

腐叶土与一般土壤以3：1的比例混合。

💲 **参考市价**

13厘米高盆栽约40元。

栽种 Q&A

Q：为什么种植的白玉黛粉叶上面的叶子长得好，白绿鲜明，但是接近盆底的叶片却都是绿色，失去白色斑纹呢？

A：须改善光照及施肥。

靠近盆器下方的老叶，容易因为养分流失，加上底部接受到的光线不足，导致叶色无法分明，甚至呈现出完全是绿色的情形。像白玉黛粉叶这种具叶色斑纹的叶片，如果生长出的新叶，叶片色泽不分明，就须改善光照及施肥。

银后粗肋草

吸收文具用品中的苯类有毒气体！

Basic Data

科名
天南星科

原产地
东南亚

花期
鲜少开花

养育难易度

日照

银后粗肋草生长于树荫下，在低海拔地较常见其踪迹。叶色灰绿有银色斑纹，形似长矛，叶长15~30厘米，叶柄短，在一堆暗绿色的草叶中特别显眼，故得名。

它能吸收甲醛及暗藏在文具用品里的苯类有毒气体，且空气中污染物的浓度越高，它发挥的净化能力越强！非常适合通风条件不佳的阴暗空间，或是公司里的事务室，以消除机器产出的有机气体。

挑选粗肋草时，记得要选择叶面光滑、纹路明显及植株茂密、茎干挺直的粗肋草。种植时，一定要定期以湿布擦拭叶片，保持叶面洁净。否则，叶片气孔被堵塞，就会影响其净化空气的效果。

银后粗肋草 净化室内空气 **6** 大指数

项目 \ 指数	1	2	3	4	5	6	7	8	9	10
❶ 吸附悬浮落尘	🌱	🌱	🌱	🌱						
❷ 降低二氧化碳浓度	🌱	🌱	🌱	🌱	🌱					
❸ 减少甲醛	🌱	🌱	🌱							
❹ 吸收三氯乙烯	🌱	🌱	🌱							
❺ 消除氨气	🌱									
❻ 去除二甲苯/甲苯	🌱	🌱	🌱							

惊人的构造

银后粗肋草为什么可以净化空气?

❶ **叶片**：叶片大，可附着空气中悬浮落尘。

❷ **植株**：通过气孔吸收苯类等有毒气体，转化为氨基酸、糖类，并移到根部储存。

养护技巧 TIPS

🏠 **放置场所**

要放置在通风处，不要直接曝晒于强光下。

💧 **湿度**

生长期用微温水保持盆土微湿，冬天减少浇水。

🧪 **肥料**

每3个月施1次长效肥。

🕷 **常见虫害**

空气太干燥可能会受到介壳虫、蚜虫与叶螨的侵害。

🌿 **栽种介质**

一般花盆中使用的培养土。

💲 **参考市价**

13厘米高盆栽约40元。

Q：为什么我摆在阳台的银后粗肋草，叶片开始出现卷曲、枯萎?

A：减少日照，多浇水。

银后粗肋草在日照强或缺水时，会导致叶尖弯曲倒勾。空气太干燥也可能导致叶片枯萎、卷曲，叶尖端褐化。因此，先将枯萎的叶片摘除，再彻底浇透土壤，常保盆土湿润，然后移至室内窗边，减少日照，才能避免植栽叶片卷曲、枯萎。

栽种 Q&A

郁金香

有效消除厕所内的氨气臭味！

Basic Data

科 名
百合科

原产地
地中海沿岸、中亚地区

花 期
12月至翌年3月

养育难易度
🌱🌱

日 照
☀☀

郁金香色彩鲜艳丰富，全世界品种超过6 000多种，喜好冷凉气候，多在春季以盆栽的方式销售。依照花形特征，可分为单瓣、重瓣，花瓣边缘有平滑、波浪、流苏等变化，再搭配青翠柔美的叶片，使它成为全世界最欢迎的花种之一。这种植物具有吸附氨气及二甲苯的功能，最适合放在人流量大、常有异味的厕所。然而，花朵里含毒碱，最好将花盆放在厕内通风阴凉处。

郁金香的花期观赏时间有限，所以应尽量挑选含苞待放的盆栽。家里种植时，保持土壤湿润及半日光照射；等天气暖和时花朵凋谢，可将花盆移到日照充足的地方，不要让叶子枯萎。

郁金香 净化室内空气6大指数

项　目　＼　指　数	1	2	3	4	5	6	7	8	9	10
❶ 吸附悬浮落尘	🌱	🌱	🌱							
❷ 降低二氧化碳浓度	🌱									
❸ 减少甲醛	🌱	🌱	🌱	🌱	🌱	🌱				
❹ 吸收三氯乙烯	🌱									
❺ 消除氨气	🌱	🌱	🌱	🌱	🌱	🌱	🌱			
❻ 去除二甲苯／甲苯	🌱	🌱	🌱	🌱	🌱	🌱	🌱	🌱		

惊人的构造

郁金香为什么可以净化空气？

❶ **花朵：**含特殊毒碱具有抗菌、抑菌的作用，能够消除空气中的细菌病毒。

❷ **气孔：**可以吸收二甲苯、二氧化硫及氨气等有害气体。

❸ **叶片：**含有数万条纤毛，可以吸附空气中的飘尘微粒。

Q ：我该如何延长郁金香的开花期？

A ：花盆旁勿放烟灰缸、水果，以免提早枯萎。

在家种植郁金香时，必须选购具花芽且已经过低温处理的鳞茎，买回来直接种植即可。开花后，必须提供充足的水分和光照，天气暖和时，可将植株移至室外。一般来说，摆在室内的开花期可维持2周以上，但切记，花旁不要摆放烟灰缸、水果等，因为这些气体和食材会产生乙烯，会让花提早凋谢。

栽种 Q&A

养护技巧 TIPS

🏠 **放置场所**

尽量放在通风之处，接受半日光照射。

💧 **湿度**

培养土表面都干了，再一次浇透。大约3天浇1次水。

🌿 **肥料**

球根已蕴含生长开花所需要的养分，所以不需要再施加任何肥料。

🐛 **常见虫害**

蚜虫。

🪴 **栽种介质**

土、沙和泥炭苔。

💲 **参考市价**

15厘米高盆栽30～40元。

仙客来

可以改善洗手间常见的二氧化硫！

Basic Data

科名	报春花科
原产地	地中海东
花期	9月至翌年4月
养育难易度	🌱🌱
日照	☀️

仙客来源于多山的森林区域，因此偏好低温及循环良好的空气。花朵形式闪烁的星星，花瓣朝上反卷，如兔子耳朵，有白、粉红、红、浅橘和紫等几种颜色。绿色心形的叶片上，有浅绿、灰白，交织成像大理石的斑纹，因此叶片也具有观赏作用。这种植物，对于厕所产出的秽气，如二氧化硫有较强的抵抗能力。

挑选时，要选择植株健康、无病害、黄叶，叶片分布均匀而且密集，花朵集中又长有很多花苞的盆栽。新叶萌芽时，积水潮湿会造成腐烂；叶片与花朵沾水，容易引发灰霉病等病害。所以在养护上要避免植株淋到水。

仙客来 净化室内空气6大指数

项目 指数	1	2	3	4	5	6	7	8	9	10
❶ 吸附悬浮落尘	🌱	🌱								
❷ 降低二氧化碳浓度	🌱	🌱	🌱							
❸ 减少甲醛	🌱	🌱								
❹ 吸收三氯乙烯	🌱	🌱								
❺ 消除氨气	🌱	🌱	🌱	🌱						
❻ 去除二甲苯/甲苯	🌱	🌱	🌱	🌱	🌱	🌱	🌱			

惊人的构造

仙客来为什么可以净化空气？

叶片：能吸收二氧化硫，并经氧化作用将其转化成无毒或低毒的硫酸盐等物质。

栽种 Q&A

Q： 从花市买回来的仙客来约1个月，发现有叶子发黄，该怎么办呢？

A： 小心日照过强，土壤要保持湿润。
仙客来叶子发黄原因有两个：一是日照过强。如果之前养护环境光照弱或稍差，突然改变光照条件会令其不适应，特别是室外温度较高（会休眠）时，如果再加上空气干燥，很容易枯黄。二是放在室外通风时，盆土内的水分并不充足。室外的高温加上通风良好，会使植株失水，叶片就会枯黄。

养护技巧 TIPS

🏠 放置场所

要放置在通风处，不要直接曝晒于强光下。

💧 湿度

秋季至春季要保持土壤湿润，夏季植株休眠，保持土壤微湿即可。

🌿 肥料

开花时，每2周施以一定浓度肥料。

🐛 常见虫害

叶螨和仙客来细螨。

✂ 栽种介质

非洲堇专用培养土。

$ 参考市价

8厘米高盆栽约30元。

20种适合放在私人空间的造氧盆栽！

维护身心健康！
摆脱过敏感染，
装潢有机气体，
吸附落尘和悬浮微粒、

白鹤芋

叶片大而宽平，可降低二氧化碳浓度！

Basic Data

科 名
天南星科

原产地
哥伦比亚及委内瑞拉

花 期
全年，3~9月最盛

养育难易度

日 照

白鹤芋是多年生草本植物，叶子由底部丛聚而生，叶片呈长椭圆形、羽状脉。全年都可以开花，以夏季最繁盛，花梗特长，由根际抽出，在花梗顶端会开出洁白的佛焰状花序，形状类似白鹤，故以此命名。

白鹤芋去除二氧化碳、醇类、甲醛、丙酮、二甲苯、甲苯、氨和三氯乙烯等空气污染物质的能力卓越，十分适合放在进门的玄关处。

购买时，建议选择含苞数量较多的植株，此类植株生长状况良好。另外，还要观察叶片颜色是否亮丽具有光泽、有无虫害等情形。

白鹤芋 净化室内空气 **6** 大指数

项目 \ 指数	1	2	3	4	5	6	7	8	9	10
❶ 吸附悬浮落尘	🌱	🌱	🌱	🌱	🌱	🌱				
❷ 降低二氧化碳浓度	🌱	🌱	🌱	🌱	🌱	🌱	🌱	🌱	🌱	🌱
❸ 减少甲醛	🌱	🌱	🌱							
❹ 吸收三氯乙烯	🌱	🌱	🌱							
❺ 消除氨气	🌱	🌱	🌱	🌱	🌱	🌱	🌱			
❻ 去除二甲苯/甲苯	🌱	🌱	🌱	🌱	🌱	🌱	🌱			

惊人的构造

白鹤芋为什么可以净化空气？

❶ **面积大的叶片**：能吸附灰尘、悬浮微粒等物质，减少室内20%落尘量。

❷ **叶面上的气孔**：气孔能吸收有害物质，转化为体内养分，再行利用。

❸ **整棵植栽**：能降低室内二氧化碳含量，提升空气品质。

养护技巧 TIPS

🏠 **放置场所**

半日照或半阴处。

💧 **湿度**

炎热季节可每天浇水，寒冷时要减少浇水次数。避免盆土过干。

🧴 **肥料**

春至秋季需经常施肥，冬季则减量。

🐛 **常见虫害**

空气太干燥时，易受叶螨和介壳虫的侵害；偶有粉介壳虫和粉虱。

🌱 **栽种介质**

各种介质皆可，不过因其水分蒸腾率高，水培法效果最佳。

💲 **参考市价**

8厘米高盆栽约10元。
13厘米高盆栽约60元。

Q：我定期给白鹤芋施肥，但一直没开花，要如何做才能让它开花？

A：要掌控日照、温度、湿度等环境条件，水分、肥料也要足够。

白鹤芋只要养护得宜，每年都会定期开花。若不开花，很有可能是因植株经过一段时间的成长，叶子变多造成植株中央不易接受日照，花序生长力变弱而无法开花。另外，白鹤芋喜欢高温多湿环境，若在冷气房待太久，温度、湿度都不够，便会影响到植株的开花。建议将它放在半日照的窗边、阳台或屋棚下，充分浇水，并添加肥料（叶茂盛不开花，最好加磷肥）。

栽种 Q&A

非洲堇

叶片茸毛吸附灰尘能力超强！

Basic Data

科 名
苦苣苔科

原产地
东非

花 期
全年不定期开花

养育难易度

日 照

　　非洲堇原产于东非森林，极少人知道，直到被德国的探险家圣保罗男爵带回王室植物园，才广为人知，因此又被称为圣保罗花；另因其花形近似紫罗兰，也有人称它为非洲紫罗兰。

　　非洲堇的植株小巧、生长强健，将它放在空调房、窗边或无阳光照射之处，甚至以人工光线照射，它都能生长开花。

　　非洲堇净化室内空气的能力相当强，借由其宽厚、布满茸毛、形状多变的叶面，可有效吸附落尘，叶片滞尘量在台湾常见室内植物中排名第一。选购时，要选择叶片紧密坚挺、叶面有光泽、叶色浓绿，尽量选有开花的，花苞越多越好。

非洲堇 净化室内空气 **6** 大指数

项目　　　指数	1	2	3	4	5	6	7	8	9	10
❶ 吸附悬浮落尘	🌱	🌱	🌱	🌱	🌱	🌱	🌱	🌱	🌱	🌱
❷ 降低二氧化碳浓度	🌱	🌱	🌱	🌱	🌱	🌱	🌱	🌱	🌱	
❸ 减少甲醛	🌱									
❹ 吸收三氯乙烯	🌱									
❺ 消除氨气	🌱									
❻ 去除二甲苯／甲苯	🌱									

惊人的构造

非洲堇为什么可以净化空气？

叶片茸毛： 非洲堇的叶片粗糙、有茸毛，可有效吸附悬浮微粒、落尘，帮助降低室内的落尘量。

栽种 Q&A

Q： 老化叶片，可以直接摘掉吗？

A： 评估叶片状态，再做处理；但花谢了要及时剪掉残花。

如果叶片还没有变黄到卷曲，建议保留到可自然脱落，让叶片的养分能完全被新叶吸收利用。另外，若看到花谢了，就要赶快剪掉残花，以免消耗养分，造成后面开的花越来越小。

Q： 要怎么做才能增加开花数量呢？

A： 建议买植物灯来照射。

可到水族馆或超市买植物灯来照射，提供植物进行光合作用制造碳水化合物的红光，对开花有直接的帮助。

养护技巧 TIPS

🏠 **放置场所**

喜好半日照环境，避免阳光直射。

💧 **湿度**

用长嘴壶直接浇湿。等培养土略干之后，再一次浇透。

🧪 **肥料**

每2周施加1次花肥；买回1个月后要1季施加1次长效肥料。

🐛 **常见虫害**

介壳虫和叶螨。

🪴 **栽种介质**

疏松、肥沃的微酸性土壤。

💲 **参考市价**

15厘米高盆栽10～40元。

PART 4
【居家环境】20种适合放在私人空间的造氧盆栽！
22 非洲堇

西洋杜鹃

开花期长，有助降低二氧化碳含量！

Basic Data

科 名
杜鹃花科

原产地
我国中部和日本

花 期
11月至翌年4月

养育难易度

日 照

西洋杜鹃是由欧洲育种家采集日本原产的树种杜鹃，进行杂交培育而成。其育种最兴盛且生产技术最佳的国家是比利时，因此又被称为"比利时杜鹃"。

西洋杜鹃为灌木，茎多分枝或呈丛生状。它的叶缘完整呈卵圆形，花朵有波浪状的折边与艳丽的花色，花形重瓣似玫瑰，所以也有人称为"玫瑰杜鹃"。将它摆放于室内，可有效去除二氧化碳及空气中的甲醛、氨气等有机挥发物质。

建议购买时，要看植株茎枝是否分布平均，叶片是否茂盛；不要挑选花朵盛开的植株，选花苞已略显颜色但尚未开花的最好，买回家后才能有较长的花期。

西洋杜鹃 净化室内空气6大指数

项目 ＼ 指数	1	2	3	4	5	6	7	8	9	10
❶ 吸附悬浮落尘	🌱	🌱	🌱	🌱	🌱	🌱				
❷ 降低二氧化碳浓度	🌱	🌱	🌱	🌱	🌱	🌱	🌱	🌱	🌱	
❸ 减少甲醛	🌱	🌱	🌱	🌱	🌱	🌱				
❹ 吸收三氯乙烯	🌱	🌱	🌱	🌱	🌱					
❺ 消除氨气	🌱	🌱	🌱	🌱	🌱	🌱				
❻ 去除二甲苯／甲苯	🌱	🌱								

惊人的构造

西洋杜鹃为什么可以净化空气？

❶ **叶面上的气孔**：室内二氧化碳浓度在200～900ppm范围内，有净光合作用，可减少二氧化碳。

❷ **长椭圆形叶片**：能吸附室内的落尘。

❸ **整棵植栽**：能去除空气中的甲醛和氨气等有机挥发物质。

养护技巧 TIPS

🏠 **放置场所**

未开花前需要充足的日照，完全盛开后可放在室内明亮处。

💧 **湿度**

1～2日浇1次水，保持盆土湿润。

🧪 **肥料**

1季施用1次长效肥料即可。

🐛 **常见虫害**

太干或太暖的环境易有叶螨。

🌿 **栽种介质**

喜酸土，可用市售的杜鹃专用培养土，或混合等量的盆土、泥炭苔和粗河沙。

💲 **参考市价**

13厘米高盆栽约70元。

栽种 Q&A

Q：为什么我的西洋杜鹃有一段枝叶一直下垂，呈现脱水的样子？

A：不能让土壤太干燥，要浇水让土壤完全湿润。

因为进口的西洋杜鹃使用的栽种介质是泥炭土，一旦几天没浇水会造成土壤过于干燥，降低其吸水性，影响根部补充水分，严重时就会造成根部受损，无法再吸收水分。所以碰到泥炭土过干时，一定要有耐心，每半小时浇1次水，到土壤完全湿润松开、恢复保水性为止。

丽格海棠

可吸附鞋柜上的灰尘，净化空气！

Basic Data

科 名	秋海棠科
原产地	杂交种
花 期	12月至翌年2月
养育难易度	
日 照	

　　丽格海棠是由球根海棠与原生种海棠杂交而成的，植株矮小，适合拿来作为盆栽观赏。它的根系呈细须状，茎呈肉质，叶色翠绿。由于它属于杂交种，花形及花色也相当多样。丽格海棠的生长温度范围以16～24℃最适宜，气温太低会生长停滞；气温太高则容易感染真菌或霉菌。其叶面上的气孔可吸收甲醛、净化空气，还能适度降低室内的二氧化碳含量。

　　选购时，应选植株大，叶片多而茂密，花苞多的尤佳。买回家后，若叶片颜色变淡，建议移至日照量较少的位置；若叶缘变棕色，表示空气太干。另外，过度浇水，容易造成根茎腐烂。

PART 4

【居家环境】20种适合放在私人空间的造氧盆栽！

❷④ 丽格海棠

丽格海棠 净化室内空气 **6** 大指数

项目 　　指数	1	2	3	4	5	6	7	8	9	10
❶ 吸附悬浮落尘	🌱	🌱	🌱	🌱	🌱	🌱	🌱			
❷ 降低二氧化碳浓度	🌱	🌱	🌱	🌱	🌱	🌱	🌱			
❸ 减少甲醛	🌱	🌱	🌱	🌱	🌱	🌱				
❹ 吸收三氯乙烯	🌱									
❺ 消除氨气	🌱									
❻ 去除二甲苯 / 甲苯	🌱									

惊人的构造

丽格海棠为什么可以净化空气?

❶ **叶面上的气孔**：叶面上的气孔可吸收有毒挥发物甲醛，并能降低室内二氧化碳含量，有效净化空气。

❷ **叶片特性**：表面凹凸不平的叶片，可有效吸附室内的落尘。

栽种 Q&A

Q：我的丽格海棠才买回来2周，为什么茎枝中间会发黑、断裂？

A：主要是环境因素所致！
因为丽格海棠的茎枝脆，易断裂，若阳台的风势太强，可能会使花茎经常断裂，建议改放在窗边或风势较小的环境。

Q：为什么买回来的丽格海棠开花数量很少，甚至有些花苞都不开放呢？

A：可能是培养土经常处于潮湿状态。
丽格海棠需要排水良好的土壤，避免水分供应过多造成茎干变软、根部腐烂，如此花苞很容易坏损，严重时甚至会引发茎根病害，或让植株枯死。

养护技巧 TIPS

🏠 **放置场所**
室内摆放要置于明亮处，但要避免阳光直射。

💧 **湿度**
保持盆土湿润，不可过干或过湿。浇水时，等表土微干再继续浇水。

肥料
全年施肥，每2周使用1次完全肥料。

常见虫害
若环境太潮湿或空气循环不良，易导致真菌危害植株或产生霉病。

栽种介质
用松软、易排水的盆土栽种。

$ **参考市价**
8厘米高盆栽约16元。
13厘米高盆栽约40元。

菊花

可消除地毯、沙发产生的有毒物质！

Basic Data

科 名
菊科

原产地
我国及日本

花 期
11月至翌年1月

养育难易度
🌱🌱🌱

日 照
☀️☀️☀️

　　菊花是我国传统花卉之一，大花品种的花径大于10厘米，常用于庆典装饰，是延年益寿的象征，又被称为"寿菊"。另也有植株低矮、开花繁密的盆花。它的花形、花色变化很多，常见的就有十几种。其观赏寿命很长，有2~3个月的观赏期，翌年还会继续开花，也适合居家栽培。

　　菊花可有效去除家中地毯、沙发所释放的甲醛、苯及氨气，净化室内空气。

　　挑选时，要选择花苞饱满光滑、茎的分枝多、生长旺盛的植株。日常养护上，需要充足的日照，每天要浇水，但要避免潮湿、不通风环境，切忌曝晒于中午的强光之下。

菊花 净化室内空气6大指数

项目 \ 指数	1	2	3	4	5	6	7	8	9	10
❶ 吸附悬浮落尘	🌱	🌱	🌱	🌱	🌱	🌱	🌱	🌱		
❷ 降低二氧化碳浓度	🌱	🌱	🌱	🌱	🌱	🌱				
❸ 减少甲醛							🌱	🌱	🌱	
❹ 吸收三氯乙烯	🌱	🌱								
❺ 消除氨气	🌱	🌱	🌱	🌱	🌱	🌱	🌱	🌱		
❻ 去除二甲苯 / 甲苯	🌱	🌱	🌱	🌱	🌱	🌱	🌱	🌱	🌱	

惊人的构造

菊花为什么可以净化空气？

❶ **叶面上的气孔**：在晚上的时候，叶面上的气孔会打开，吸收二氧化碳。

❷ **叶片茸毛**：叶片上有茸毛，可吸附室内的甲醛等有毒挥发物质。

❸ **整棵植栽**：可去除苯、氨气等污染物。

养护技巧 TIPS

🏠 **放置场所**

凉爽通风，全日照环境。

💧 **湿度**

每日浇水，等培养土表面干了后再一次浇透。

🧴 **肥料**

大花品种在开花期不需施肥，多花品种可每2周施加1次液体开花肥。

🕷 **常见虫害**

容易长蚜虫与叶螨。

🌱 **栽种介质**

使用一般市售盆土。

💲 **参考市价**

8厘米高盆栽约12元。
13厘米高盆栽约40元。

栽种 Q&A

Q ：听说菊花可以泡茶也能食用，买回来的菊花盆栽也可以这样应用吗？

A ：不适合。
菊花是传统中药，有清热解毒、明目益寿等功效，不过当药材有专用的品种，一般观赏性品种以观赏为目的，会喷洒药剂以预防病虫害，因此不适合拿来食用。

雪佛里椰子

能吸收电视释放出的甲醛等有毒气体！

Basic Data

科名
棕榈科

原产地
墨西哥

花期
鲜少开花

养育难易度
🌱🌱🌱

日照
☀☀

雪佛里椰子为常绿灌木，茎干细小丛生、直立细长有节，植株可达2米高。此种植物的叶片为羽状复叶，会长出黄绿色的小花和紫红色的球形果实。

多数的棕榈科植物都很容易栽种，雪佛里椰子自然也不例外。当环境变得较干燥时，它会将必要的水分散发到环境中，维持干湿平衡。因此，能提高室内湿气，有助吸收客厅中电视释放的甲醛、苯类及三氯乙烯等有害气体。

因雪佛里椰子的水分蒸腾率高，较适合不需要浇水的水培法或底部灌溉法。它喜好阴凉的环境，但不能过于干燥。勿让它直接受阳光照射，以维持叶色油绿。

雪佛里椰子 净化室内空气**6**大指数

项目 \ 指数	1	2	3	4	5	6	7	8	9	10
❶ 吸附悬浮落尘	🌱	🌱	🌱							
❷ 降低二氧化碳浓度	🌱	🌱	🌱	🌱	🌱					
❸ 减少甲醛	🌱	🌱	🌱	🌱	🌱	🌱	🌱	🌱	🌱	
❹ 吸收三氯乙烯	🌱	🌱	🌱	🌱	🌱	🌱	🌱	🌱		
❺ 消除氨气	🌱	🌱	🌱	🌱	🌱	🌱				
❻ 去除二甲苯／甲苯	🌱	🌱	🌱	🌱	🌱	🌱	🌱			

惊人的构造

雪佛里椰子为什么可以净化空气？

❶ **叶面上的气孔：** 气孔可吸收甲醛、三氯乙烯等有毒物质。

❷ **整棵植栽：** 包括植株、根系和土壤中的微生物，共同将吸附的有毒物质转化、储存、代谢，持续净化空气。

养护技巧 TIPS

🏠 放置场所

空间大、不会被阳光直射到的地方。

💧 湿度

浇灌的水量足以保持盆土湿润即可。

🧴 肥料

每个月施用1次稀释液态肥料。

🕷 常见虫害

太干燥时，容易出现叶螨和介壳虫。

🪴 栽种介质

可在盆土内混入些许细沙，以利排水。

$ 参考市价

150厘米高盆栽约300元。

栽种 Q&A

Q ：雪佛里椰子可以分株吗？

A ：可以，因其根部会自行长出子株。
若要为雪佛里椰子切挖分株，注意不能伤害到茎部顶端的新芽。若新芽损伤，它就容易枯萎、死亡。因此，在修剪时也要注意不能剪掉顶芽。若将顶芽剪掉，会造成根部养分不足，当无法供给需求时，植株便会死亡。

垂榕

减少天花板、壁纸释放出的甲醛！

Basic Data

科 名
桑科

原产地
热带及亚热带地区

花 期
不开花

养育难易度

日 照

由于其枝叶雅致地下垂，因此取名"垂榕"。此类植物耐旱、耐湿、抗污染，可长成大树做绿荫树、行道树，幼株可做绿篱、盆栽。一般市售种类的叶子有浅绿、深绿与杂色，有3种造型：单株型、灌木型（1盆种植多株）和辫型（2~3株树干互相缠绕）。

它对室内环境污染物质，尤其是甲醛的去除能力相当杰出。选购时要注意，嫩芽的部分是否有扭曲、闭合现象，若有则代表有昆虫蓟马危害。垂榕的原生环境为密林，因此对光度的耐受范围广，在全日照或阴暗环境中都能生存。在养护上，适宜温度为18～27℃，必须给予适度浇水，当盆土过于干燥或太湿，易导致落叶、枯黄或烂根。

垂榕 净化室内空气 **6** 大指数

项目 \ 指数	1	2	3	4	5	6	7	8	9	10
❶ 吸附悬浮落尘	🌱	🌱	🌱	🌱						
❷ 降低二氧化碳浓度	🌱	🌱	🌱	🌱	🌱	🌱				
❸ 减少甲醛	🌱	🌱	🌱	🌱	🌱	🌱	🌱	🌱		
❹ 吸收三氯乙烯	🌱	🌱								
❺ 消除氨气	🌱	🌱	🌱	🌱	🌱	🌱				
❻ 去除二甲苯／甲苯	🌱	🌱	🌱	🌱	🌱	🌱	🌱	🌱		

惊人的构造

垂榕为什么可以净化空气？

叶面上的气孔： 气孔可吸收高浓度的二氧化碳，以及天花板、油漆等释放出的甲醛、二甲苯、甲苯等空气污染物质，使室内的空气变得新鲜。

栽种 Q&A

Q：为什么将垂榕移到室内后就开始落叶了？

A：未经光照处理，有落叶现象是正常的。

由于许多栽培者会将垂榕置于全日照环境下种植，因此要先经过光照处理。建议新买回家的垂榕，可先置于窗边或阳台等光线明亮处，让它有全日或半日的光照后，再移到新处所。如此可避免植物未经驯化，而直接放置于较阴暗环境时，造成的叶片褪色或严重落叶、短时间内死亡等现象。起初，替垂榕换新环境后，有落叶现象是正常的，若过一段时间新叶长出，则代表它已适应新环境。

养护技巧 TIPS

🏠 放置场所

阳光照射到的地方为佳。

💧 湿度

保持土壤湿润，但不可湿透。浇水过多会使根部腐烂。

🌾 肥料

夏季每2周施1次肥。

🕷 常见虫害

介壳虫与粉介壳虫。

🪴 栽种介质

使用水培或底部灌溉法栽种，可长得特别好。种植于多用途盆土中需要较多的照料。

💲 参考市价

13厘米高盆栽约80元。

变叶木

如变色龙般多变，可减少二氧化碳！

Basic Data

科名	大戟科
原产地	斯里兰卡、南印度
花期	3～7月
养育难易度	
日照	

变叶木别名变色叶、撒金榕，叶子互生，质近皮革，形状和颜色多变。它的新叶为绿色，会随着时间慢慢变色；成熟的叶片具有斑块、叶缘或叶脉镶边等叶斑形式。于每年3～7月可看到它开白色或淡黄色的小花，不过通常看到的花只有花蕊。

变叶木可适度降低室内的二氧化碳含量，可以放在人流量大的客厅，维持良好空气品质。

若将变叶木放在明亮、温暖的环境中，茎叶会生长繁茂、叶色鲜丽，高度可达0.6米以上。当气候炎热时，要给予充足的水分；若室内空气湿度不足或介质太干，都容易造成落叶。

变叶木 净化室内空气 **6** 大指数

项目 ＼ 指数	1	2	3	4	5	6	7	8	9	10
❶ 吸附悬浮落尘	🌱	🌱	🌱							
❷ 降低二氧化碳浓度	🌱	🌱	🌱	🌱	🌱	🌱	🌱	🌱		
❸ 减少甲醛	🌱	🌱	🌱							
❹ 吸收三氯乙烯	🌱	🌱	🌱							
❺ 消除氨气	🌱	🌱								
❻ 去除二甲苯／甲苯	🌱	🌱								

惊人的构造

变叶木为什么可以净化空气？

叶面上的气孔：室内二氧化碳浓度在 50～500 ppm 范围内，有净光合作用，可以减少二氧化碳。

养护技巧 TIPS

🏠 **放置场所**
明亮、温暖的地方。

💧 **湿度**
保持盆土湿润，冬天减少浇水。

🧴 **肥料**
春、夏季长叶时，每周施以稀释液肥 1 次。

🐛 **常见虫害**
太干燥时，容易出现叶螨和介壳虫。

🌱 **栽种介质**
使用多用途盆土，用水培法可减少浇水和换盆次数。

$ **参考市价**
8 厘米高盆栽约 10 元。
13 厘米高盆栽约 70 元。

栽种 Q&A

Q：家中的变叶木出现严重落叶现象，这是为什么呢？

A：光照、气温、水分、虫害及肥料等因素都会造成落叶。

变叶木需要充足的日照，于室内养护时，建议放在采光良好的客厅、卧室或阳台。但若长时间被强烈的太阳光直射，易导致叶片失去原本的光泽，引起落叶现象。另外，如盆土过干、气温低于 18℃，或有虫害、生长期没有适度施肥等，也都会造成落叶。

长寿花

观赏花期长，兼具除尘效果！

Basic Data

科名
景天科

原产地
马达加斯加

花期
11月至翌年5月

养育难易度

日照

　　长寿花顾名思义就是它的开花时间较长。它肥厚、多汁、鲜绿的叶片可以储存水分，不需要天天浇水，也不用经常施肥，相当好养护。花色从红、黄、杏黄到橘、粉红和紫红色都有，十分丰富。

　　由于长寿花叶片的特性，抗旱能力较强，且可有效吸附室内的落尘、二氧化碳和甲醛等物质。在挑选时，要看花苞、叶片是否多且平整有光泽，观察叶子枝条的节间长度，挑节间短、分枝多者。

　　若给予长寿花充足的日光，花会开得相当漂亮；但要是光照不足，会缩短花期。另外，此种植物怕高温多湿，千万不要浇太多水，以免根部腐烂。

长寿花 净化室内空气6大指数

项目 \ 指数	1	2	3	4	5	6	7	8	9	10
❶ 吸附悬浮落尘	🌱	🌱	🌱	🌱	🌱	🌱	🌱			
❷ 降低二氧化碳浓度	🌱	🌱	🌱	🌱	🌱	🌱				
❸ 减少甲醛	🌱	🌱	🌱	🌱	🌱	🌱				
❹ 吸收三氯乙烯	🌱									
❺ 消除氨气	🌱									
❻ 去除二甲苯／甲苯	🌱									

惊人的构造

长寿花为什么可以净化空气？

❶ **叶面上的气孔**：在晚上的时候，气孔会打开，吸收二氧化碳，释放氧气。放在室内阳光充足的窗前种植，有助于改善室内空气品质。

❷ **叶片的茸毛**：叶片上有许多茸毛，能有效吸附落尘，达到高单位面积滞尘量。

Q：为什么买回来的长寿花不到2周，花就突然变黑凋谢了？花朵褪色又是什么原因呢？

A：注意环境的光线、通风性，避免浇水时水淋到花。

很有可能是浇水时水淋到了花朵，加上环境不通风，导致水分积在花瓣上，诱使病菌侵害而造成花朵腐烂。另外，花朵褪色主要是光线不足造成的，建议将盆栽移到室外光线充足处栽培，盛开后再移到室内欣赏。

栽种 Q&A

养护技巧 TIPS

放置场所

阳光充足、通风良好的环境。

湿度

平时浇水要等培养土完全干燥后再进行。最忌培养土排水不良。

肥料

1季施加1次长效肥料即可。

常见虫害

蚜虫和粉介壳虫。

栽种介质

用松软、易排水的盆土栽种。

参考市价

8厘米高盆栽10～16元。
13厘米高盆栽约50元。

黄金葛

生命力强、好养护，能吸附二氧化碳！

Basic Data

科 名
天南星科

原产地
所罗门群岛

花 期
鲜少开花

养育难易度

日 照

黄金葛为蔓生植物，茎节上有气生根，可攀附树干或墙壁。叶呈心形，光滑且富有光泽，上有不规则的黄色或白色斑纹。它的蔓茎可攀爬20米以上，越往上，叶片越大；若是种成吊盆，叶片向下垂悬，则会越长越小。

黄金葛生长迅速，容易种植与养护，对虫害的抵抗力强。它对室内的二氧化碳和甲醛等物质都有很好的净化能力。

这种植物喜好高温多湿环境，生长适温为20~28℃。虽然它在各种环境条件下都很容易生存，但是若没有给予适度光照或水分不足，它的叶片会逐渐变小，叶面上的斑纹也会渐渐变少，甚至消失。

黄金葛 净化室内空气6大指数

项目 \ 指数	1	2	3	4	5	6	7	8	9	10
❶ 吸附悬浮落尘	🌱	🌱	🌱	🌱	🌱	🌱				
❷ 降低二氧化碳浓度	🌱	🌱	🌱	🌱	🌱	🌱	🌱	🌱		
❸ 减少甲醛	🌱	🌱	🌱							
❹ 吸收三氯乙烯	🌱	🌱	🌱							
❺ 消除氨气	🌱	🌱								
❻ 去除二甲苯／甲苯	🌱	🌱								

惊人的构造 黄金葛为什么可以净化空气？

❶ **宽阔的叶面**：黄金葛的叶片面积大，可吸附室内的悬浮微粒。

❷ **叶面上的气孔**：室内二氧化碳浓度在50～700ppm范围内，有净光合作用，可减少二氧化碳。

❸ **整棵植栽**：经光线照射后，便能吸收甲醛等有机挥发物质。

养护技巧 TIPS

放置场所

明亮、温暖的地方。

湿度

浇水后，等表土微干后再继续浇水。

肥料

生长期（3～8月）应每周施肥。

常见虫害

偶有蚜虫及粉介壳虫。

栽种介质

对介质不挑剔，用水培法也不太需要换盆。

$ 参考市价

8厘米高盆栽约10元。
13厘米高盆栽约30元。

栽种 Q&A

Q：为什么黄金葛的叶片上有白色斑点？

A：为叶片吸附尘埃后所产生的物质。
黄金葛的叶片能有效吸附大量尘埃，白色斑点为叶片吸附尘埃的遗留物，可用湿抹布擦拭叶面，去除灰尘及水垢，使叶面光亮。建议不要用干布或毛刷，易使灰尘飞散至空气中。为避免影响植物净化空气的效果，最好每2周对叶片做1次清理，以增加单位面积滞尘量，同时维持盆栽的美观。

去除空气污染物**最佳小能手！**

波士顿肾蕨

Basic Data

科名
水龙骨科

原产地
热带地区

花期
不开花

养育难易度

日照

波士顿肾蕨为多年生草本植物，具有许多"走茎"（茎匍匐在地上，节上生根）。"走茎"先端向四方展开接触介质后，会长出丛生芽；叶自根茎上长出，为披针形羽状复叶。在所有测试过的植物中，它是去除空气污染物效果最好的品种，尤其建议摆放在厨房，可吸附烹煮后的油烟以及建材中的甲醛等。然而，若将它放在室内能良好地生长，就代表该环境适合居住，堪称是"健康环境指标"。

波士顿肾蕨需要充足的水分，必须经常喷水及浇水，否则叶子很容易枯黄、掉落。日照也要注意，当光线不足时，叶片易枯萎；光线过强则会出现灰绿色的叶片。

波士顿肾蕨 净化室内空气 **6** 大指数

项目 \ 指数	1	2	3	4	5	6	7	8	9	10
❶ 吸附悬浮落尘	🌱	🌱	🌱	🌱	🌱	🌱	🌱			
❷ 降低二氧化碳浓度	🌱	🌱	🌱	🌱	🌱	🌱	🌱	🌱	🌱	🌱
❸ 减少甲醛	🌱	🌱	🌱	🌱	🌱	🌱	🌱	🌱	🌱	🌱
❹ 吸收三氯乙烯	🌱	🌱								
❺ 消除氨气	🌱	🌱	🌱							
❻ 去除二甲苯／甲苯	🌱	🌱								

惊人的构造 波士顿肾蕨为什么可以净化空气？

❶ **叶面上的气孔**：室内二氧化碳浓度在100~1 200ppm范围内，有净光合作用，可减少二氧化碳。

❷ **羽状复叶**：能吸附室内的落尘。

❸ **整棵植栽**：可去除空气中的污染物，尤其是对甲醛的去除力，是所有室内植物中最厉害的。

养护技巧 TIPS

🏠 **放置场所**
半日照环境。

💧 **湿度**
必须经常浇水，保持盆土湿润。

🧪 **肥料**
发芽长叶时，每周施加液态氮肥1次；冬天则减量。

🕷 **常见虫害**
鲜见病虫害，偶会出现介壳虫、叶螨和蚜虫。

🌿 **栽种介质**
在无土的混合介质中长得最好，但要经常浇水；也可用不需经常浇水的水培法。

$ **参考市价**
8厘米高盆栽约10元。
13厘米高盆栽约30元。

Q：我种的波士顿肾蕨，叶片变焦枯了，是什么原因呢？

A：室内空气必须维持一定的湿度，它才会生长良好。
波士顿肾蕨喜欢温暖潮湿环境，叶片焦枯的原因多是空气过干。建议在炎热的夏季和空调房环境，都要多浇水，或是在植物周围多喷点水，以提升空气湿度。另外，虽然此种植物耐阴性佳，但它喜欢明亮的散射光，要适度给予光照，才不会让叶片发生卷曲、焦枯或变色现象。

栽种 Q&A

观音棕竹

吸附炒菜的油烟和有机挥发物质！

Basic Data

科 名
棕榈科

原产地
我国南部

花 期
6～7月

养育难易度

日 照

观音棕竹是常见的多年生草本植物，属于棕榈科的矮灌木，又名"棕榈竹"。另因其树干可做成手杖或雨伞柄，因此又被称为"拐仔棕"。它的枝干上有特别浓密的咖啡色网状纤维包围，叶为狭长的掌状裂叶形，厚而有光泽，叶长15～30厘米。于夏季会开出淡黄色的小花。

厨房通常光线较暗、湿度变化大，建议摆放耐阴及耐湿的观音棕竹，叶片狭长茂密，可帮助吸附油烟、落尘。此外，它去除空气中甲醛的效果，会因为摆放时间越久，效果越好。一般花市销售的棕竹类盆栽大多是组合数株高低不同的植株而成，可以依个人喜好及盆栽价位，挑选适合的盆栽。

观音棕竹 净化室内空气**6**大指数

项目 ＼ 指数	1	2	3	4	5	6	7	8	9	10
❶ 吸附悬浮落尘	✓	✓	✓	✓	✓	✓				
❷ 降低二氧化碳浓度	✓	✓	✓	✓	✓	✓				
❸ 减少甲醛	✓	✓	✓	✓	✓	✓	✓	✓		
❹ 吸收三氯乙烯	✓	✓	✓	✓						
❺ 消除氨气	✓	✓	✓							
❻ 去除二甲苯／甲苯	✓	✓	✓							

惊人的构造

观音棕竹为什么可以净化空气？

❶ **细长的叶片：** 叶片可吸附室内的落尘，降低二氧化碳浓度。

❷ **整棵植栽：** 对于家具、地毯、清洁剂等释放于空气中的有机挥发性气体，尤其是甲醛，有相当好的去除功效。

养护技巧 TIPS

放置场所

温暖、半阴暗处。

湿度

春、夏季多浇水；冬季较为干燥，在温暖的室内环境也要多浇水。

肥料

每个月施用1次稀释液态肥料。

常见虫害

极少有虫害，偶有叶螨。

栽种介质

土壤、水培或底部灌溉。

参考市价

90～150厘米高盆栽 120～200元。

Q： 为什么观音棕竹的部分叶片变得枯黄？

A： 要适时修剪叶片。

可能是因为叶子生长过多，加上又放在室内缺少日照，叶子无法进行光合作用，颜色便会开始转淡。建议修剪掉枯黄的叶片，再给予适当的水分和肥料，并放在有日光的空间，但要避免被强光直射，如此观音棕竹不久后又会恢复原有的翠绿。另外，修剪时要注意，不可将顶芽剪除，只能就枯叶修剪。

栽种 Q&A

石斛兰

有效去除衣柜、寝具中的**有毒气体**！

Basic Data

科 名
兰科

原产地
澳洲、印度、日本、
韩国、新西兰等

花 期
春、秋季或不定期

养育难易度

日 照

　　石斛兰的原生种达2 000多种，且开花数目多、花色多变，令人目不暇接。

　　它能在夜晚吸收二氧化碳，制造氧气及负离子，因此很适合放在卧室，尤其是摆在床头柜、梳妆台或窗台可有助提升睡眠品质。此外，卧室寝具、衣柜、窗帘都可能产生甲醛，它能有效去除甲醛等有毒气体，达到净化空气的功效。

　　选购时，要选择枝叶端正、姿态匀称，叶面完整无缺刻，且无明显虫咬痕迹和病斑者，花朵已抽出但尚未显色者尤佳。另外，石斛兰的茎细易软，建议用铁丝固定，使它挺直。

石斛兰 净化室内空气**6**大指数

项目 ＼ 指数	1	2	3	4	5	6	7	8	9	10
❶ 吸附悬浮落尘	🌱	🌱	🌱	🌱	🌱	🌱				
❷ 降低二氧化碳浓度	🌱	🌱	🌱	🌱	🌱	🌱	🌱	🌱		
❸ 减少甲醛	🌱	🌱	🌱	🌱	🌱	🌱				
❹ 吸收三氯乙烯	🌱	🌱	🌱	🌱	🌱	🌱				
❺ 消除氨气	🌱	🌱	🌱	🌱	🌱	🌱	🌱	🌱	🌱	
❻ 去除二甲苯/甲苯	🌱	🌱	🌱	🌱	🌱	🌱	🌱	🌱		

惊人的构造

石斛兰为什么可以净化空气?

❶ **细长的叶片:** 室内二氧化碳浓度在50~400ppm 范围内,有净光合作用,可减少二氧化碳。

❷ **整棵植栽:** 可吸收对人体有害的挥发性有机溶剂,如丙酮、甲醛、三氯甲烷等物质,经体内酶的代谢作用,储存于茎或根部。

养护技巧 TIPS

🏠 **放置场所**

喜好半日照环境,避免阳光直射。

💧 **湿度**

春、夏季需充分浇水,冬季只需浇过水使土壤不致干枯即可。

🌿 **肥料**

春、夏季每个月施用1次稀释液态肥料。

🐛 **常见虫害**

浇水过多会生霉病;空气太干会有介壳虫和叶螨。

🌱 **栽种介质**

一般兰花专用的培养土,或水草、无土混合介质。

💲 **参考市价**

8厘米高盆栽24~40元。12~13厘米高盆栽40~160元。

栽种 Q&A

Q : 为什么我种的石斛兰迟迟不开花呢?

A : 必须给予适度日照和更换介质。

石斛兰喜好日照,若长时间待在阴暗的室内,会不利于植株的生长。建议尽量摆放窗边或有阳光透进来的空间,让它接受适度的日照,便可开出漂亮的花朵。另外,大部分的石斛兰会在冬天落叶,若已种植超过2年,建议可在春天时更换新的介质,避免介质过久产生腐败酸化;换盆也可以刺激它的生长,更能够开出美艳的花朵。

虎尾兰

夜晚释放出氧气和负离子，有助睡眠！

Basic Data

科名
龙舌兰科

原产地
西非热带地区、印度

花期
不定期

养育难易度

日照

虎尾兰的叶片硬直挺立、肥厚多肉，加上具有深绿色横条斑纹，犹如老虎尾巴，故称之为"虎尾兰"。它的花呈白色至淡绿色，为圆锥状，会分泌如同蜂蜜一样的黏稠物质。

虎尾兰被公认为天然的"空气清道夫"，在约10平方米大小的房间内，能吸收空气中80％以上的有害气体（如苯、甲醛和三氯乙烯）和重金属微粒；夜晚时吸收大量二氧化碳，释放氧气，同时产生比一般植物高出30倍以上的负离子，能促进人体的新陈代谢、活化细胞功能，抑制细菌和霉菌的生长。

虎尾兰极易栽种，耐旱、耐阴，生命力强，无论在何种环境下皆能生存。不过浇水的量要适当，若浇太多水容易使根部腐烂。

虎尾兰 净化室内空气 6 大指数

项目 \ 指数	1	2	3	4	5	6	7	8	9	10
① 吸附悬浮落尘	🌱	🌱	🌱	🌱	🌱					
② 降低二氧化碳浓度	🌱	🌱	🌱	🌱	🌱	🌱	🌱	🌱		
③ 减少甲醛	🌱	🌱								
④ 吸收三氯乙烯	🌱	🌱	🌱	🌱	🌱	🌱	🌱	🌱		
⑤ 消除氨气	🌱	🌱	🌱							
⑥ 去除二甲苯／甲苯	🌱	🌱								

惊人的构造

虎尾兰为什么可以净化空气?

① **大叶片**：叶片的气孔可吸附二氧化碳、重金属微粒，以及甲醛、苯和三氯乙烯等有毒挥发性物质。

② **整棵植栽**：在24小时的照明下，1盆虎尾兰就能吸收80%以上的空气污染物，还能释放大量的芬多精。

栽种 Q&A

Q：什么时候该替虎尾兰换盆呢？如何换盆？

A：春季较适合进行换盆。

首先于盆中放入碎石或陶粒（即发泡炼石），铺在盆底当作去水层；再铺一层2~4厘米的土壤（视花盆大小）；接着铺一层薄薄的基肥；最后铺一层土壤隔开根部后，便能将虎尾兰放在盆中央。于盆中央的四周加入新土，轻轻拍实土面，然后慢慢浇水，见到盆底开始滴水即完成。建议每2年换1次盆，在春季进行最适宜。

养护技巧 TIPS

🏠 放置场所

半日照、半阴或荫蔽处皆可。

💧 湿度

春、夏季7~10天浇1次水；冬季半个月浇1次水。

🧪 肥料

每1~2个月施用1次稀释肥料溶液。

🐛 常见虫害

少有虫害。

🌱 栽种介质

使用土壤种植，需要每年换盆。使用水培法则可多年不需换盆。

$ 参考市价

8厘米高盆约10元。
13厘米高盆栽约64元。

常春藤

能抑菌，消除二手烟中的有毒挥发物！

Basic Data

科名
五加科

原产地
欧洲、亚洲及北非

花期
5~11月

养育难易度

日照

常春藤为多年生常绿蔓性植物，叶片呈3~5裂，叶色有全绿或斑纹镶嵌等不同的变化，小巧的掌状叶，串连在一起，无论是攀爬或自然垂下，都别有一番风味。此种植物的攀爬能力很强，可伸长气根，使其附着于蛇木或树干上，是中庭或门廊常用的地被植物，不过种植在吊篮中最为理想。

常春藤的气味有杀菌、抑菌功效；对于空气中的甲醛、苯和三氯乙烯等有毒污染物质能有效去除；还可吸收尼古丁中的致癌物质，很适合摆放在有人抽烟的家中。

常春藤耐阴、耐寒。不过叶面为斑纹品种的，需要较多的日光；若长时间置于阴暗处，容易失去斑纹，建议放在明亮或光线充足处。

常春藤 净化室内空气 6 大指数

项目 \ 指数	1	2	3	4	5	6	7	8	9	10
❶ 吸附悬浮落尘	🌱	🌱	🌱	🌱	🌱	🌱				
❷ 降低二氧化碳浓度	🌱	🌱	🌱	🌱	🌱	🌱	🌱			
❸ 减少甲醛								🌱	🌱	
❹ 吸收三氯乙烯	🌱	🌱	🌱	🌱	🌱	🌱	🌱			
❺ 消除氨气	🌱	🌱								
❻ 去除二甲苯／甲苯	🌱	🌱								

惊人的构造

常春藤为什么可以净化空气？

❶ **叶面上的气孔**：气孔能吸收甲醛、苯等有害物质，将之转化为糖类与氨基酸，作为体内养分，再进行利用。

❷ **整棵植栽**：在24小时的照明下，能吸收90％以上的空气污染物，包括三氯乙烯、尼古丁中的致癌物质；它的特殊气味兼有杀菌、抑菌功效。

Q：常春藤叶片上的斑纹为什么消失了？

A：必须有适度的光照。

常春藤的品种很多，叶色浓绿的品种较耐阴，斑叶品种则需较多的光照。倘若缺乏光源，叶片便会慢慢褪色，斑纹也会逐渐消失。不过，在强烈太阳光的直射下又容易烧伤。其实，常春藤喜欢散射的光线，如果在室内种植，应放在明亮处，或辅以充足的灯光照射，它的发展会更好。

栽种 Q&A

养护技巧 TIPS

🏠 **放置场所**

半日照或半阴处。

💧 **湿度**

浇水后，应等表土微干再浇水。寒冷气候时，要减少浇水频率。

🌿 **肥料**

每2～3个月施用1次稀释肥料溶液。

🕷 **常见虫害**

在太温暖、干燥环境中，容易滋生叶螨和介壳虫。

🌱 **栽种介质**

水培和一般通气性良好的介质均可。

💲 **参考市价**

8厘米高盆栽约10元。
13厘米高盆栽约50元。

叶油绿富光泽，吸收甲醛和三氯乙烯！

中斑香龙血树

Basic Data

科名
龙舌兰科

原产地
几内亚

花期
2~4月

养育难易度

日照

中斑香龙血树有类似玉米的油绿叶子，在台湾多称为"巴西铁树"。成株为木质茎干，上有明显环纹；叶绿色，带有光泽度，宽线形具波浪边缘，丛生在干顶。冬末春初会长出香味浓郁的小白花。

虽然此种植物喜欢明亮的光照环境，但在较暗的地方也能存活；且能去除甲醛、三氯乙烯等室内空气毒素，是室内植物中相当受欢迎的一种。

中斑香龙血树在室内栽培的成熟植株可达3米高，为了刺激生长或使老株再生，建议可将其修剪至15~20厘米高。另外，过多的水分易造成其根部腐烂，土壤只要保持一定的湿润度即可，不需要每天浇水。

中斑香龙血树 净化室内空气6大指数

项目 \ 指数	1	2	3	4	5	6	7	8	9	10
❶ 吸附悬浮落尘	●	●	●	●	●					
❷ 降低二氧化碳浓度	●	●	●	●	●	●	●			
❸ 减少甲醛	●	●	●	●	●	●	●	●		
❹ 吸收三氯乙烯	●	●	●	●	●	●	●	●		
❺ 消除氨气	●	●	●	●	●	●				
❻ 去除二甲苯/甲苯	●	●	●	●	●	●	●			

惊人的构造

中斑香龙血树为什么可以净化空气？

❶叶面上的气孔：室内二氧化碳浓度在200~600ppm范围内，有净光合作用，可减少二氧化碳。

❷长椭圆形叶片：能吸附室内的落尘。

❸整棵植栽：能去除空气中的甲醛、二甲苯、甲苯和三氯乙烯等有机挥发物。

养护技巧 TIPS

放置场所

半日照或半阴皆可。

湿度

保持土壤湿润，但不可湿透。

肥料

春、夏季应用液态肥料施肥，冬季少浇水、少施肥。

常见虫害

少有虫害。不过当环境太干燥时，易滋生叶螨或介壳虫。

栽种介质

一般市售盆土。不过，使用水培法可减少浇水与换盆次数。

$ 参考市价

90~150厘米高盆栽
120~200元。

栽种 Q&A

Q：中斑香龙血树在养护上有哪些注意事项？

A：栽种介质、生长环境等方面都不能疏忽。中斑香龙血树喜欢温暖湿润和有阳光的环境，也很耐阴；不过，若长时间置于室内荫蔽处，叶片容易褪色。建议有阳光时，将它移到光线可照射到的地方，让它均匀受光。另外，此种植物的生长适温为20~28℃，处于太热或太冷环境下，它会进入半休眠状态。要让中斑香龙血树的叶子保持油绿状态，除了要维持介质的肥沃和湿润度，温度、日照等环境条件也都必须控制好。

黄椰子

去除墙面油漆、书柜中的有害气体！

Basic Data

科 名	棕榈科
原产地	马达加斯加
花 期	5~7月
养育难易度	
日 照	

黄椰子又被称为散尾葵或黄蝶椰子，是常见的棕榈科植物之一。株高3~8米，具修长直立茎，有节环。羽状复叶丛生于枝端，为带状线形且叶面平滑，长25~30厘米，与叶轴呈V字形。夏季会开出黄绿色的肉穗状花序。

黄椰子对环境的适应力相当好，将它放在书房，能有效去除空气中的化学气体，还可释放大量水汽，增加空气湿度，有效抗菌。

由于黄椰子的水分蒸腾率极高，建议不要放在闷热不通风或易受强风侵袭的环境。叶片水分容易蒸腾过多，导致植株缺水，叶片便会有枯黄现象。

黄椰子 净化室内空气 6 大指数

项目 \ 指数	1	2	3	4	5	6	7	8	9	10
❶ 吸附悬浮落尘	🌱	🌱	🌱							
❷ 降低二氧化碳浓度	🌱	🌱	🌱	🌱	🌱	🌱	🌱			
❸ 减少甲醛	🌱	🌱	🌱	🌱	🌱	🌱	🌱	🌱		
❹ 吸收三氯乙烯	🌱	🌱	🌱							
❺ 消除氨气	🌱	🌱	🌱							
❻ 去除二甲苯／甲苯	🌱	🌱	🌱	🌱	🌱	🌱	🌱	🌱	🌱	🌱

惊人的构造 黄椰子为什么可以净化空气？

❶ **叶面上的气孔**：气孔能吸收有害物质，转化为糖类、氨基酸和有机酸，运送至茎或根部储存。

❷ **细长形叶片**：能吸附室内的灰尘、悬浮微粒等物质。

❸ **整棵植栽**：能去除天花板、壁纸、电脑屏幕等产生的甲醛、二甲苯等化学有毒物质。

养护技巧 TIPS

放置场所

半日照环境。

湿度

保持介质或土壤湿润。可经常喷水以保持叶面鲜绿。

肥料

除冬季外，应定期施用含有氮、磷、钾的完全肥料。

常见虫害

空气太干燥时，易出现叶螨。

栽种介质

肥沃的沙质壤土。建议可用水培法和底部灌溉法。

$ 参考市价

8厘米高盆栽约10元。13厘米高盆栽约110元。

栽种 Q&A

Q：黄椰子的叶片为什么开始枯黄了？

A：环境、养护方式和病害等因素都会影响叶片状态。

黄椰子适合半日照环境，若长期置于阴暗处会使植株生长衰弱，建议放在有光线照射到的地方。还有，若太久没换盆或换土，因盆器狭小，导致根系过于拥挤，会造成土壤中水分、空气供应不足，叶片枯黄。另外，若有疫病侵袭也会导致茎部疏导组织受损，叶片没有根系提供的水分，便会开始焦枯。必须找出根源问题，对症下药。

麦门冬

可减轻令人不适的特殊异味！

Basic Data

科 名
百合科

原产地
我国和日本

花 期
6~8月

养育难易度

日 照

麦门冬为多年生常绿草本植物，根茎短，有多数须根，在根的顶端或中部常膨大成为纺锤形肉质块根，通常作为药用。其弯垂似草的叶子长达15~45厘米，叶色恒绿，不过会出现深浅变化。成株高约30厘米，夏季会开白色或淡紫色小花，花序轴可高达30厘米。

厕所空间常积留来自化粪池回流的臭味及排泄物、马桶、水管、芳香剂等混杂的异味，成为室内主要的臭味污染源，摆放麦门冬可以帮助吸附甲醛、氨气等特殊臭味。

麦门冬喜欢温暖、荫蔽环境，忌艳阳直射。在日常养护上，必须给予充足的水分。另因其生长期较长，有必要定期施加肥料。

麦门冬 净化室内空气 **6** 大指数

项目＼指数	1	2	3	4	5	6	7	8	9	10
❶ 吸附悬浮落尘	🌱	🌱	🌱							
❷ 降低二氧化碳浓度	🌱	🌱	🌱	🌱	🌱	🌱				
❸ 减少甲醛	🌱	🌱	🌱	🌱	🌱	🌱	🌱	🌱		
❹ 吸收三氯乙烯	🌱	🌱	🌱							
❺ 消除氨气	🌱	🌱	🌱	🌱	🌱	🌱	🌱	🌱	🌱	
❻ 去除二甲苯／甲苯	🌱	🌱	🌱	🌱						

惊人的构造

麦门冬为什么可以净化空气？

❶ **叶面上的气孔**：可降低室内二氧化碳浓度。

❷ **细长叶片**：能吸附室内的落尘。

❸ **整棵植栽**：可去除甲醛、氨气等空气污染物质。

栽种 Q&A

Q：麦门冬可以分株繁殖吗？

A：可以。麦门冬大多用地下茎进行繁殖。定植1年以后，便可将麦门冬的块根切开分植。切去根茎下部的茎节和须根（以叶片不致散开为宜），留下长0.6厘米的茎基，切断的横切面呈现白色放射状花纹（俗称菊花心）。根状茎切除后捆成一捆，以备栽植。此种植物适合土质疏松、肥沃、排水良好的壤土和沙质壤土，过黏的土壤较不适合。

养护技巧 TIPS

🏠 **放置场所**

半日照至半阴环境。

💧 **湿度**

为半水生植物，需要经常浇水，以保土壤湿润。

🌿 **肥料**

除冬季外，每个月要定期施肥1次。

🐛 **常见虫害**

太干燥环境易滋生介壳虫和蚜虫。

🌱 **栽种介质**

使用松软土壤以利于排水，如使用水培可减少浇水次数。

💲 **参考市价**

8厘米高盆栽约8元。
13厘米高盆栽约36元。

孔雀竹芋

艳丽的叶子可有效吸附毒物！

Basic Data

科 名
竹芋科

原产地
美洲热带地区

花 期
6~8月

养育难易度

日 照

孔雀竹芋为多年生常绿草本植物，植株高30～40厘米；卵形叶，长25～30厘米，宽约10厘米。叶表的绿色底上隐约带着金属光泽，明亮艳丽，沿着主脉两侧分布着羽状暗绿色、椭圆形的绒状斑块，因其叶斑类似开屏的孔雀尾羽而得名。

这种植物可以有效吸附厕所内的排泄物及浴厕清洁剂的氨气、二甲苯及甲苯等，且它具有自我调节功能，能适应浴室光线较昏暗、湿度变化大的环境。

孔雀竹芋喜欢潮湿环境，它的叶片质薄，不耐干燥，要经常浇水，保持土壤湿润。另外要注意的是，若受强光直射，叶片易卷曲。

孔雀竹芋 净化室内空气 **6** 大指数

项目 ＼ 指数	1	2	3	4	5	6	7	8	9	10
❶ 吸附悬浮落尘	🌱	🌱	🌱	🌱	🌱	🌱	🌱			
❷ 降低二氧化碳浓度	🌱	🌱	🌱	🌱	🌱	🌱	🌱	🌱		
❸ 减少甲醛	🌱	🌱	🌱	🌱	🌱					
❹ 吸收三氯乙烯	🌱	🌱	🌱							
❺ 消除氨气	🌱	🌱	🌱	🌱	🌱	🌱	🌱			
❻ 去除二甲苯／甲苯	🌱	🌱	🌱							

惊人的构造

孔雀竹芋为什么可以净化空气？

❶ **叶面上的气孔**：室内二氧化碳浓度在100~800ppm范围内，有净光合作用，可减少二氧化碳。

❷ **宽大叶片**：能吸附室内的落尘。

❸ **整棵植栽**：可去除氨气等空气污染物质。

栽种 Q&A

Q：为什么从花市买回来的孔雀竹芋原本颜色很缤纷，可是随着种植时间愈久，颜色却愈淡，而且叶子边缘还出现变黄干枯情形？

A：水分不足是主要原因。

孔雀竹芋会出现叶子变黄干枯，可能是因为水分不足。刚开始会发现叶片变黄，紧接着出现枯焦卷曲；严重的话，整棵植株会死亡。建议夏季2~3天就要浇1次水，冬季约1周浇水1次即可。注意要经常保持土壤潮湿，植株才会不断有新芽冒出，也才能愈种愈美丽！

养护技巧 TIPS

🏠 **放置场所**

半阴环境。

☁ **湿度**

要经常喷水，以温水来保持盆土湿润，但不可湿透。

🌿 **肥料**

春、夏季每2周1次，针对叶片喷洒稀释液肥。每1季追施1次固态长效肥。

🐛 **常见虫害**

太温暖潮湿容易滋生介壳虫和蚜虫。

🌱 **栽种介质**

市售一般盆土即可。如用水培，需定期清洗卵石。

💲 **参考市价**

8厘米高盆栽约10元。
13厘米高盆栽约70元。

合果芋

吸附氨气等臭气，可净化空气！

合果芋是多年生观叶植物，蔓性强，茎节处会长出气根，匍匐垂曳或附着支撑物向上生长。它的叶子有一特别之处：幼年期和成熟期长得不太相同。幼叶呈箭形；成熟后会长成3裂或5裂的掌状复叶，甚至有的品种是11裂的叶片。花是淡绿或淡黄色的佛焰苞。

此种植物有30多种，较流行的有白蝴蝶、绿精灵、白斑叶等品种。它能降低空气中二氧化碳、甲醛、氨气等挥发性物质的含量；放在浴室可净化空气。

合果芋性喜高温、潮湿环境，可经常喷水。由于它耐阴性佳，放在室内只需少许光照即可生存。

合果芋 净化室内空气 **6** 大指数

项目 \ 指数	1	2	3	4	5	6	7	8	9	10
❶ 吸附悬浮落尘	🌱	🌱	🌱	🌱						
❷ 降低二氧化碳浓度	🌱	🌱	🌱	🌱	🌱	🌱	🌱			
❸ 减少甲醛	🌱	🌱	🌱	🌱	🌱					
❹ 吸收三氯乙烯	🌱	🌱	🌱	🌱	🌱					
❺ 消除氨气	🌱	🌱	🌱	🌱	🌱	🌱	🌱	🌱		
❻ 去除二甲苯 / 甲苯	🌱	🌱								

惊人的构造

合果芋为什么可以净化空气?

❶ **宽阔的叶面**：叶面上的气孔可吸附室内的落尘。室内二氧化碳浓度在100～600ppm范围内，有净光合作用，可减少二氧化碳。

❷ **整棵植栽**：能吸收甲醛、苯、氨气等有机挥发物质，经过酶的代谢作用转为氨基酸、有机酸。

栽种 Q&A

Q：为什么合果芋的叶片变小，且颜色变得没那么鲜艳了？

A：生长环境的温度、湿度和光照都会造成影响。

合果芋具有很强的耐阴性，不适合阳光直射。但是，摆放之处过于荫蔽，完全没有日光，它的叶片会开始变小，叶片上的斑块也会渐渐消失。另外，若将此种植物长时间置于空调房中，易造成温度、湿度均不足，同样会影响植株的生长。建议将合果芋放在半日照的窗边、阳台，或是每周让它有1～2次接触到日光的机会。

养护技巧 TIPS

🏠 **放置场所**

温暖、半阴暗处。

💧 **湿度**

春至秋季，应保持土壤均匀湿润，不可过湿；冬季浇水后，应等表土干了后再浇水。

🌿 **肥料**

除冬季外，应经常用含有氮、磷、钾的完全肥料溶液施肥。

🐛 **常见虫害**

极少有虫害。

🌱 **栽种介质**

对介质不挑剔，用水培法也不太需要换盆。

$ **参考市价**

8厘米高盆栽约10元。
13厘米高盆栽约40元。

115

好用必备资讯！
关于造氧盆栽的

99％的盆栽新手最想问的Q & A！

118

最想问的 Q&A！

Q1 家里养盆栽发现有虫时，该如何驱除？

每种植物都有适合的生长环境，包括温度、湿度、光照等条件，都会影响植株的生长。若能将植物放在适宜的环境下，不但可降低植物的生长压力，也能因为发育良好而让植物具有较强的抵抗力，不易遭受虫害。

倘若发现植物叶片上已出现白粉、黑斑等，即有可能是受到介壳虫或红蜘蛛的侵略，建议可购买植物专用的天然除虫剂加以喷洒去除。但是，喷洒除虫剂时，最好戴上手套和口罩加以防护，并将盆栽移到室外无风处，避免药剂在喷洒时随风飘浮到人体或平日最常接触的地方。喷洒后需静置1周左右，让除虫剂气体散去后，再将盆栽移回室内。同时，为了让药剂达到最好的功效，应在喷药3日后再进行给水。

若对市售的除虫剂有疑虑，不妨依照下列方法自制除虫剂。

自制天然、不具毒性的除虫剂

❶ 取2小匙（10mL）的植物油。

❷ 加入1/8小匙（0.6mL）的洗洁精。

❸ 再加1杯（230mL）的自来水。

❹ 将这些成分加入喷枪瓶中，摇匀后即可用来喷洒叶面。

Q2 为什么要修剪、擦拭植物？这样做能有助延续盆栽的空气净化力吗？

想要让盆栽长得好，除了给予适合的环境，还要定期进行修剪。若发现叶片出现枯黄、老化，应直接从叶柄剪除；比较靠近土壤的底部叶片，较易因潮湿而有黄叶现象，也要剪掉。如果对枯黄叶片不予理会，就会开始往茎枝处溃烂，所以不能忽视修剪。修剪除了维持植株外观，也可促进新芽生长。

另外，放在室内的盆栽叶片上容易积聚落尘，最好每隔2～3周就清洁1次，这样不但可以保持叶片的亮丽、光泽、湿润度，还能增加植物的滞尘效果和净化空气能力。所谓的清洁植物，可用湿抹布擦拭叶片，也可用水直接浇湿叶片。但要注意，有些植物忌水，所以清洁前要先了解其特性，避免浇太多水而导致叶片溃烂。

Q3 我住小套房，而且没有窗户，这样的密闭空间也适合摆放盆栽吗？

室内的壁纸、窗帘、地毯、家具等，都会释放出挥发性有机物质，包括甲醛、丙酮、三氯乙烯和氨气等，若不清除，长期被人体吸收后，就会造成过敏、气喘等问题，甚至导致鼻咽癌等恐怖病症。而摆放盆栽就是改善室内空气品质的最佳方式，既天然又简单。

所以，即便是在极不通风的室内空间，也可借由植物的蒸腾作用带动空气流通，并可透过叶面上的气孔将水汽散发到空气中，促进干湿平衡。另外，蒸腾作用率高的植物，还能加速吸收空气中的有毒物质，并将这些物质运输到根部储存，转化为其所需要的养分。因此，在小套房式的密闭空间中，建议摆放容易养护的黄金葛或虎尾兰。以虎尾兰为例，这种植物在10平方米的空间内，就能吸收空气中八成以上的有毒气体，而且还会在夜间释放氧气，并能产生大量负离子，对人体相当有益。

当植物有叶黄枯萎的状况，须进行修剪，否则会持续溃烂，影响其他植株。

04 一般家庭需要摆放几棵盆栽才有净化空气的效果？

想要有效发挥盆栽的净化空气作用，盆栽和空间的比例大约是：10平方米大的空间，可放一盆15厘米高左右的植物。若以一般家庭为例，100平方米大小的房子，可在客厅放2棵盆栽，卧房、厨房及洗手间等区域各放1棵盆栽，这样就能有助达到净化室内空气的效果。

同时，因为客厅的装潢通常较多，容易产生甲醛、电磁波等，所以建议选择菊花、雪佛里椰子等植物（第84、86页）。厨房最多油烟，应选择可吸附悬浮微粒的盆栽，如波士顿肾蕨、观音棕竹等（第96、98页）。而卧室的床头柜因为离人体呼吸器官较近，所以可以摆几盆多肉植物，如虎尾兰等（第102页）。

05 家里有人抽烟，应该多摆放哪些种类的植物？

在室内抽烟对空气品质及人体健康都会造成很大危害，尤其二手烟产出的气体及悬浮微粒很难通过通风设备而消失，因此，如果有在室内抽烟的习惯，最好摆放下列几种盆栽，以便降低室内空气污染的程度。

❶ 中斑吊兰：吸附有毒气体的效果特别好。1盆吊兰在10平方米大小的房间就相当于1个空气净化器，即使是在未经装修的房间，养1盆吊兰对人体健康也相当有利。

❷ 芦荟：可吸收异味，且作用时间长。

❸ 仙人掌科：大部分植物都是在白天吸收二氧化碳、释放氧气，在夜间则相反。而仙人掌科的植物如蟹爪兰、虎尾兰等，无论白天、黑夜，都在进行吸收二氧化碳、释放氧气的作用，加上很容易养活，可以说是过滤有机化学气体的极佳选择。

蟹爪兰
（第48页）

中斑吊兰
（第42页）

虎尾兰
（第102页）

芦荟
（第56页）

Q6 我该如何判断室内植物的浇水时间及水量？

植物叶片的厚与薄是决定给水多寡的关键。叶片愈厚，表示它愈具有储水的功能、水分不易蒸发，例如虎尾兰、仙人掌等多肉植物，平均1周给水1次即可。而叶片薄的植物，水分很快被空气带走，所以需要经常浇水，像是皱叶肾蕨、心叶蔓绿绒等，就必须每天浇水，并维持土壤湿润。

此外，不同的植物有不同的属性，除了给水周期不同，浇水的位置也不一样。举例来说，有些植物的叶子、花朵很怕碰到水，只要一淋水就会溃烂，所以必须从土壤给水；而有些盆栽叶片较大，就可以从叶片浇水，不用刻意避开。

Q7 什么是全日照、半日照？又该如何选择摆放植物的正确位置？

每种植物对于阳光的需求各不相同，在购买盆栽时，不妨先向店家探询清楚。一般来说，可分为下列3种光照条件：

❶ **全日照**：每天至少需接受5个小时的直接日照。大部分的开花植物都需要全日照，因为这样才能孕育出鲜艳的花色。相反，多数室内植物包括变叶木、垂榕、非洲菊等，并不需要整天接受阳光的曝晒，如果放在窗户旁，通过玻璃反射可能会使阳光增强、温度上升，导致叶子枯萎。因此，就算属于全日照植物，也要特别注意阳光强度。

❷ **半日照**：每天需要接受2个小时的阳光照射，而其他大部分时间则可接受直接或间接光照。许多绿叶植物都属于这类需要半日照环境的盆栽，例如：火鹤花、印度橡胶树等。

❸ **半阴**：是指阳光无法直接照射、不要大量光照；通常可通过薄帘幕遮挡，借由室内灯光偶尔照射即可。一般观叶植物偏好这种光照，例如：合果芋、羽裂蔓绿绒、蝴蝶兰等。

著作权合同登记号：豫著许可备字-2015-A-00000255

本书通过四川一览文化传播广告有限公司代理，经柠檬树国际书版集团苹果屋出版社有限公司授权，由中原农民出版社出版发行中文简体字版。未经书面授权，本书图文不得以任何形式复制、转载。

图书在版编目（CIP）数据

净化空气能力惊人的造氧盆栽／台湾环境健康协会著.—郑州：中原农民出版社，2015.10
ISBN 978-7-5542-1277-6

Ⅰ．①净… Ⅱ．①台… Ⅲ．①盆栽－观赏园艺 Ⅳ．①S68

中国版本图书馆CIP数据核字（2015）第211109号

出版：中原农民出版社		
地址：河南省郑州市经五路66号	邮编：450002	
网址：http://www.zynm.com	电话：0371-65788679	
发行单位：全国新华书店	传真：0371-65751257	
承印单位：河南安泰彩印有限公司		

成品尺寸：170mm×230mm	印张：7.75
字数：130千字	
版次：2015年10月第1版	印次：2015年10月第1次印刷

书号：ISBN 978-7-5542-1277-6	定价：36.00元

本书如有印装质量问题，由承印厂负责调换